（第2版）

叉车操作基本技能

就业技能培训教材

人力资源社会保障部职业培训规划教材
人力资源社会保障部教材办公室评审通过

主编　杜晓红

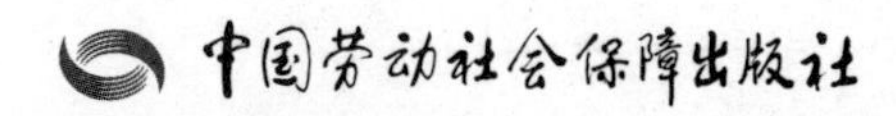

图书在版编目(CIP)数据

叉车操作基本技能 / 杜晓红主编. -- 2版. -- 北京：中国劳动社会保障出版社，2021

就业技能培训教材

ISBN 978-7-5167-5206-7

Ⅰ. ①叉…　Ⅱ. ①杜…　Ⅲ. ①叉车－操作－技术培训－教材　Ⅳ. ①TH242

中国版本图书馆 CIP 数据核字(2021)第 263845 号

中国劳动社会保障出版社出版发行

(北京市惠新东街 1 号　邮政编码：100029)

*

北京市艺辉印刷有限公司印刷装订　新华书店经销

880 毫米×1230 毫米　32 开本　3.375 印张　68 千字

2021 年 12 月第 2 版　2024 年 6 月第 6 次印刷

定价：12.00 元

营销中心电话：400-606-6496

出版社网址：http://www.class.com.cn

前 言

国务院《关于推行终身职业技能培训制度的意见》提出，要围绕就业创业重点群体，广泛开展就业技能培训。为促进就业技能培训规范化发展，提升培训的针对性和有效性，人力资源社会保障部教材办公室对原职业技能短期培训教材进行了优化升级，组织编写了就业技能培训系列教材。本套教材以相应职业（工种）的国家职业技能标准和岗位要求为依据，力求体现以下特点：

全。教材覆盖各类就业技能培训，涉及职业素质类，农业技能类，生产、运输业技能类，服务业技能类，其他技能类五大类。

精。教材中只讲述必要的知识和技能，强调实用和够用，将最有效的就业技能传授给受培训者。

易。内容通俗，图文并茂，易于学习。

本套教材适合于各类就业技能培训。欢迎各单位和读者对教材中存在的不足之处提出宝贵意见和建议。

人力资源社会保障部教材办公室

内容简介

叉车是人们常用的搬运车辆之一，它有着效率高、成本低等优势，被广泛运用于工业生产和物流的货物装卸、堆垛和搬运等环节。随着近年来经济和工业的快速发展，它的市场需求正急速增长。规范操作叉车直接关系到企业安全生产、运输等环节，其是企业经营活动中最重要的部分之一。作为特种车辆的叉车司机必须经过严格的职业技能培训。

本教材为就业技能培训教材，其应用对象为农村进城务工人员、就业再就业人员等短期培训学员，也可作为从事叉车驾驶工作的相关人员学习教材。

本教材由杜晓红主编，张婕、曹芳英、徐亚男、孙光耀、陈南旭、王佳欢参编。

目　录

第1单元 岗位认知

模块1 叉车的发展及现状

叉车又称叉式装卸机、叉式装卸车或铲车，是工业搬运车辆的一种，它是指对成件托盘类货物进行装卸、堆垛和短距离运输、搬运作业的各种轮式搬运车辆。国际标准化组织工业车辆技术委员会（ISO/TC110）称其为工业车辆。叉车常用于仓储大型物件的装卸搬运作业，通常使用内燃机或者蓄电池驱动。

叉车最早出现在1914—1915年，到20世纪30年代市场开始出售叉车。第二次世界大战期间，由于需要搬运军事物资，产生了最初的“物流”，从而也促进了叉车的发展。

目前，世界各国都在大力发展各类叉车，最大起重已达90 t，而最小的只有0. 25 t。随着物流业的蓬勃发展，托盘和集装箱的广泛使用，对叉车属具的要求趋于多样化，叉车的使用范围越来越广泛。

我国叉车产业从20世纪50年代末开始起步，到70年代初具规模。国产叉车行业发展历史虽短，但发展却非常迅速。自20世纪80年代以后，通过引进三菱及尼桑（日产）技术、TCM，我国叉车产品设计逐渐标准化、通用化和系列化。产品的数量和品种日益增多，新材料、新结构、新技术、新工艺等不断出现，目前整机设计技术已接近国际水平。随着我国经济的快速发展，大部分企业的物料搬运已经摆脱了原始的人工搬运，取而代之的是以叉车为主的机械化操作。因此，在过去的几年中，我国叉车的市场需求量以每年两位数的速度快速稳步增长。叉车的主要应用领域如图 1－1 所示。

> **小知识**
>
> 新中国成立后百业待兴，国务院工业部将研制生产中国自制叉车的重任交给了始建于1946年、有一定技术基础和制造能力的大连机械一厂。经过艰苦不懈的努力，终于在1958年秋季，命名为W–5型“卫星号”的中国第一台内燃叉车在大连诞生。

图 1-1　叉车的主要应用领域

模块2　叉车操作岗位的需求与工作职责

一、叉车操作岗位的需求

1. 职业道德

叉车操作的工作有一定的特殊性。叉车司机在工作中的任何一个疏忽、一个操作的失误都有可能给企业、社会带来较大的危害，甚至会危害到人身安全。

小知识

职业道德是指在人们进行职业活动的过程中，一切符合职业要求的心理意识、行为准则和规范的总和。良好的职业修养和良好的职业道德是每一位员工都必须具备的基本品质。

叉车司机必须要对自己的职业有非常深刻的认识，不断提升自己的文化专业素质、心理素质、身体素质等，自觉遵守职业道德规范。叉车司机的职业道德规范主要有以下几个方面：

（1）爱岗敬业。爱岗敬业是各行各业员工都应具备的职业道德。在不同的工作环境、与不同的工作部门进行协同作业的情况下，叉车司机的工作条件艰苦、烦琐、劳动强度大，但在企业生产中起着非常重要的作用。因此叉车司机应树立正确的就业观，做到干一行、爱一行、专一行，对待自己的工作兢兢业业、尽职尽责。

（2）诚实守信。诚实守信是指从业人员说实话、办实事、不说谎、不欺诈、守信用、表里如一、言行一致的优良品质。诚实是要求叉车司机实事求是地待人做事，不弄虚作假，认真对待每一次叉车作业，例如实填写“叉车作业登记表”，准时交还钥匙，勇于承认错误等。守信要求叉车司机讲信誉、重信誉，在工作中严格遵守国家的法律法规及行业、公司的纪律和规范，坚守自己的岗位职责，坚决与弄虚作假、危害社会的行为做斗争。

(3) 办事公正。办事公正是指从业人员在遇事、办事的时候，必须做到公平公正。叉车司机在工作时，不能因为所叉货物贵贱或客户大小而区别对待，要一视同仁。公平公正才能保证每一次操作都高质量、高效率、安全地完成。

(4) 服务群众。服务群众是指一切从群众的利益出发，努力为群众排忧解难，提高服务质量。叉车司机在工作岗位上应按照上级领导布置的工作，一丝不苟地完成工作任务，并且积极配合同事以及其他部门的工作需求，把企业的利益和同事的利益作为工作的出发点。为了更好地提高服务质量，叉车司机应不断提高自身的驾驶和操作技能。

(5) 奉献社会。奉献是当一个人的个人利益与集体利益、国家利益发生矛盾时，毫不犹豫地牺牲个人利益，服从集体利益和国家利益。奉献社会是职业道德的最终目的。叉车司机需要具备奉献社会的职业道德意识，才能在工作中全身心地投入，任劳任怨，努力为企业和社会的发展做出贡献。

2. 职业素质

(1) 扎实的基础。叉车操作人员不仅要有专业的理论知识作支撑，而且要有扎实的操作基本功，能够熟练、准确地完成检查、起动、制动、换挡、转向、拆垛、叉货、装卸搬运、停车、基本的维修养护等操作。叉车司机只有拥有良好的理论知识基础以及扎实的基本功，才能保证叉车作业的安全。

（2）准确的判断力。叉车操作人员能够运用自己的工作经验，判断所驾车型的技术性能和行驶速度，调整车辆的状态；能够根据路基的质量、道路的宽度来控制车辆的速度，能根据货物的包装和体积来判断货物的重心和重量，以此来决定叉车作业时应选择的车辆，以及判断出是否能够安全通过宽度较小的通道对会车和超车是否有影响。

（3）果断的应变力。叉车在行驶以及作业过程中，情况随时会发生变化，叉车司机拥有良好的应变能力，能够保证叉车、司机本人以及货物的安全。在紧急情况下，能够懂得取舍，先保住人身安全，再保车辆以及货物的安全。

（4）符合从业要求。只有参加过专业的叉车培训并且顺利结业拿到“特种设备作业人员证”的人员，才允许驾驶叉车进行作业，如图1-2所示。

1）叉车操作人员的基本条件。申请“特种设备作业人员证”的人员应当符合下列条件：

①思想端正，作风正派。

②年满18周岁，具有本专业所需的文化程度，一般为初中以上文化程度。

③身体合格的中华人民共和国公民，且需满足以下几个标准：身高在1.55 m以上；两眼视力均在0.7以上（含矫正视力），无红绿色盲；左右耳距离音叉50 cm能辨清声音的方向；血压正常；无精神病、心脏病、高血压和神经官能症等妨碍驾驶机动车辆的疾病和身体缺陷。

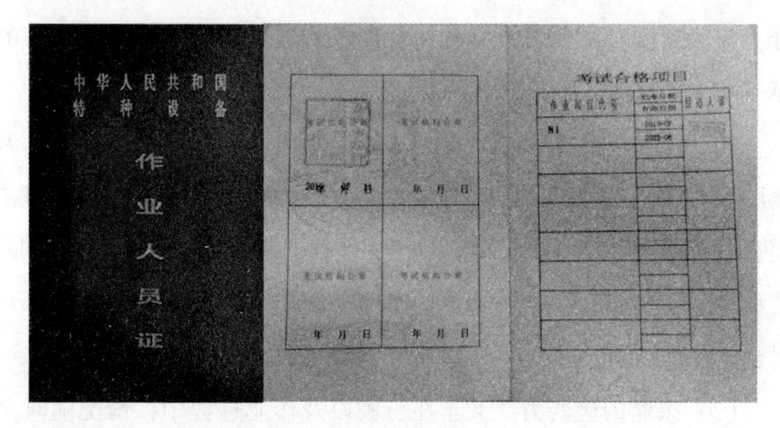

图 1–2　特种设备作业人员证

二、岗位职责

叉车司机的岗位职责：

1. 叉车司机需要掌握并执行叉车管理的各项规章制度。

2. 严格执行叉车安全操作规程，遵守交通规则，保障安全作业与安全驾驶，确保人、车、货物的安全。

3. 认真钻研业务，主动熟悉叉车技术性能和工作原理，提高驾驶操作、作业技术及维护保养叉车水平，努力做到“四会”，即会使用、会养修、会检查、会排查故障。

4. 爱护车辆设备，及时检查维修，保持车容车貌的整洁完好，保证车况良好并始终处于完好的技术状态。

5. 主动学习叉取货物的物理、化学特性，以便作业时选择正确的包装以及装卸搬运的方式。

6. 节约叉车原、辅料的消耗，做到节油、节胎和节料。

7. 认真做好运行台账的记录工作。

8. 交接班时做好交接班手续，衔接好工作，做到四交：交技术状况和保养情况，交叉车作业任务，交清工具、属具等器材，交注意事项。

9. 及时准确地填写“叉车作业登记表”“叉车保养（维修）登记表”等原始记录，定期向领导汇报叉车的车况。

具体工作内容与岗位职责可参考见表 1-1。

表 1-1　　某企业叉车司机岗位职责

岗位名称	具体要求
核心工作	负责叉车装运及叉车保养工作，确保货物装运无差错以及叉车的完好
装车运输	负责接收仓管员装运货物的型号、吨位信息，确保物品型号、吨位信息准确无误
装车运输	负责将装运的物品运输到指定车辆，确保运输的物品零损耗
卸车运输	负责接收仓管员卸货运输物品的型号、吨位以及入库库位信息，确保货物型号信息和存储库位信息接收准确无误
卸车运输	负责将物品运输到指定货位，确保物品码放规整
货品信息核实	负责对运输物品型号和吨位信息的核实，确保准确无误
叉车维护	做到叉车日检，确保叉车第二天能够正常使用
叉车维护	叉车报修及时，确保叉车维修计划达成
团队协助	协助上级领导对新员工进行工作指导，帮助新员工达到岗位的要求
团队协助	协助部门其他同事做好日常工作，确保协助工作完成及时
制度履行	执行公司各项管理制度和流程，确保制度、流程顺利执行
制度履行	提出本部门的各项制度、流程、标准建设建议，提交主管领导
制度履行	参加本部门的各项制度、流程、标准的培训，确保考核通过
制度履行	执行和熟练运用本部门标准和管理工具
其他工作	积极配合公司安排的临时紧急性工作

模块3　叉车操作的安全规范

在企业叉车操作过程中安全是重中之重，叉车司机只有贯彻“安全第一，预防为主”的安全生产方针，才能保证企业生产有条不紊地运行。因此，叉车司机必须要提高“安全第一”的思想意识，才能保证工作无差错。叉车司机每天与叉车打交道，是否具有安全意识直接关系到作业安全，为确保人身、设备安全，叉车学员在叉车操作过程中应掌握以下安全规范。

一、人身安全防护

1. 上叉车前，戴好安全帽，检查护顶架、挡货架是否完好无损，如果损坏或者有缺陷应及时更换，如确认没有问题上车坐稳后方可操作。

2. 首先调整好适合自己的座椅位置，方便作业过程中对车辆的控制。车辆启动前应戴好安全帽，穿好工作服，系好安全带。

3. 叉车运行过程中，切勿上、下车，身体任一部分均不可伸出驾驶室外。

4. 上下叉车应选择在车辆停稳时上下，并使用叉车的安全踏板和扶手。

5. 在特殊环境下，可能会有灰尘或沙粒吹入叉车司机眼中，司机须戴上防护眼镜。

6. 叉车的行驶路面，要保证没有凸起物、障碍物、陡坡、洞口、垃圾、碎片等可能引起叉车失控或颠簸的情况。若行驶路面湿滑，则要减速慢行，不可在道路边缘行驶。

7. 叉车行驶时需集中注意力，预先考虑可能发生的危险，前进时向前看，后退时向后看，保证视野清楚。转弯时，需要根据所载货物的长短决定转弯半径，如装载长物时，需要大的转弯半径，以免碰撞而使货物或叉车倾覆，造成人身伤害。

8. 叉车货叉上不准载人，货叉下不准站人或通过。

9. 叉车在行驶时会排出废气，注意要远离液化罐、木材、纸料或化学物品，以避免因废气引起燃烧或爆炸的危险。

二、叉车安全使用

1. 叉车在操作前后，要对车辆进行预热和冷却，时间均为 5 min。

2. 在开车前，需先检查各控制和警报装置，如发现损坏或有缺陷，应在修理后再操作，以免出现人身事故，或造成叉车更严重的损坏。

3. 开电源时，不可同时踩下制动踏板和加速踏板，否则会损坏电动机。

4. 叉车的起步、转向、行驶、制动和停止需平稳进行，禁止紧急制动和急转弯，以避免货物落下或翻车的危险。

5. 叉车搬运货物时，负载量不能超过规定值，货叉须超过货物的支撑面，并确保货物均匀放在货叉上。

6. 叉车装载货物运行时，门架应后倾并尽量降低货物的高度，以尽量降低其重心。

7. 叉车装货行驶过程中，货叉需距离地面 20~30 cm，以免损坏叉尖和路面。

8. 叉车高位工作时，勿让叉车的任何部位触及顶部高压线。

9. 叉车停放在平地上时需合上停车制动踏板，若不得不停在坡道上时（原则上不可停在坡道），一定要用垫块垫住车轮防止其下滑。

10. 作业完毕，司机离开叉车时，需将货叉降到最低处，着地，并将操纵杆放在空挡，断开电源，拉上驻车制动，取下钥匙，离车。

11. 勿让叉车的电量耗尽时才充电，这样会导致叉车的电池寿命缩短。

三、交通安全规则

1. 注意速度和交通信号，不要超速行驶，在公路或街道上行驶时，要遵守交通规则。

2. 在十字路口或者需要拐弯的时候，要注意周边交通情况，减速，按喇叭，确认无人时才可通行。

3. 在场地作业时，要注意各个岔路口、高空悬挂物和绳索。

4. 夜间行驶时，打开前大灯，以及所需的工作灯和示宽灯，减速慢行，集中注意力，避免疲劳驾驶。

5. 叉车倒车要注意叉车完全停下后才可进行倒车操作，倒车行驶前，需按喇叭，确保周边无人。

6. 行驶过程中不可速度过快，操作应平稳，尽量避免急停、急开或急转弯。

7. 禁止任何人在货叉起升状态下或在其他属具下站立或通过，必要时要用支承或木块顶住货叉，以防其突然落下。

8. 在货叉起升货物前，略作停顿，保证货物与货叉接触稳定可靠，以及确定无障碍物后再起升货物。

9. 货物堆高不应太高，一般不可超过挡货架。不可避免时，应将货物捆扎牢固。当起升货物较大影响前进视线时，应倒车行驶或由向导引导慢速行驶。

10. 坡道行驶时不可转弯，否则有车辆倾翻的危险。

11. 叉车在下坡时，不能任车辆滑行，应当挂挡运行并适时踏制动踏板控制速度，以便应对紧急情况。操纵负载叉车时，倒车下坡，可保证人员、车辆与货物的安全。

知识巩固

一、叉车操作　规范服装

1. 根据图片讲解正确的着装要求

2. 根据图片具体分析错误的着装情况

着装部位	错误的着装形式	正确的着装要求
		应穿着轻便的平底鞋，不能是拖鞋、高跟鞋、其他厚底鞋子和凉鞋

续表

着装部位	错误的着装形式	正确的着装要求
		由于经常来往于机器之间，需要避免衣服被机器缠绞。要求穿着紧身的工作服，下摆、袖口都扣起来，不得赤裸上身

二、正确佩戴安全帽

1. 根据图片了解安全帽的构成

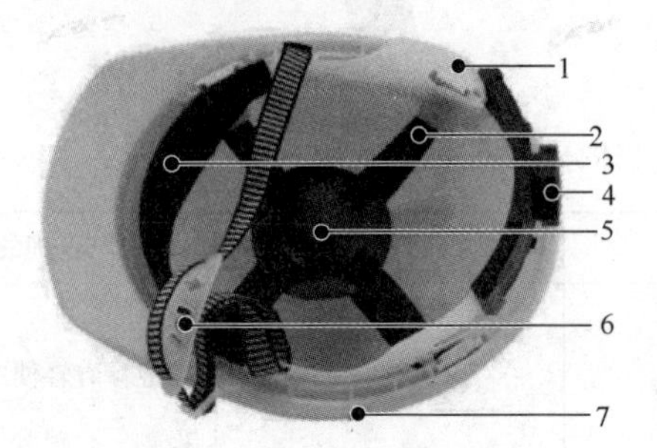

1—帽箍　2—顶带　3—吸汗带　4—后箍

5—缓冲垫　6—下颚带　7—帽壳

2. 安全帽的正确戴法

第一步，检查有没有龟裂、下凹、裂痕和磨损等情况。

第二步，戴安全帽前应将帽后调整带按自己的头型调整到适合的位置，然后将帽内弹性带系牢。

第三步，将安全帽戴到头上，注意将调整旋钮放在脑后。

第四步，将安全帽的下颚带扣在颌下，并调节系带的松紧度。

第2单元 基础训练

模块1　叉车操作基础知识

叉车作为工业车辆的一种，在企业的物流系统中扮演重要角色，广泛应用于港口、机场、车站、货场、仓库、工厂车间、配送中心和流通中心等，并可进入车厢、集装箱和船舱内进行成件货物的装卸搬运工作。

一、叉车的分类

叉车通常分为两大类：内燃叉车和电动叉车。

1. 内燃叉车

内燃叉车是物流行业内应用时间最为悠久的叉车类型，主要分为普通内燃叉车、重型叉车、集装箱叉车和侧面叉车等，其特点是动力性和机动性好，适合重载。它一般采用柴油、汽油、液化石油气或天然气为燃料，由发动机提供动力。考虑到尾气排放和噪声等污染，通常选择在室外、车间或其他对尾气排放和噪声没有特殊要求的场所。由于燃料补充方便，可实现长时间的连续作业，而且能胜任在恶劣环境下工作。

（1）普通内燃叉车。普通内燃叉车一般载荷能力为1.2~8.0 t，作业通道宽度为3.5~5.0 m。可实现长时间的连续作业，而且能胜任在恶劣的环境下（如雨天）工作。如图2-1所示为普通内燃叉车。

图2-1 普通内燃叉车

（2）重型叉车。重型叉车采用柴油发动机作为动力，承载能力为10.0~52.0 t，一般用于重型货物较多的码头、钢铁厂等户外装卸搬运作业的场合。如图2-2所示为重型叉车。

图2-2 重型叉车

（3）集装箱叉车。集装箱叉车一般采用柴油发动机作为动力，承载能力为8.0~45.0 t，分为空箱集装箱叉车、重载集装箱叉车、轻载集装箱叉车和滚上滚下集装箱叉车。集装箱叉车应用于集装箱的装卸搬运，如港口码头或集装箱堆场的作业。如图2-3所示为集装箱叉车。

图 2-3　集装箱叉车

（4）侧面叉车。侧面叉车一般采用柴油发动机作为动力，承载能力为 3.0~6.0 t。在不转弯的情况下，具有直接从侧面叉取货物的能力，因此主要用来叉取长条形的货物，如木条、钢筋等。如图 2-4 所示为侧面叉车。

图 2-4　侧面叉车

2. 电动叉车

电动叉车以电动机提供动力，蓄电池提供能源。一般承载能力为 1.0~4.8 t，作业通道宽度为 3.5~5.0 m。电动叉车由于没有污染，噪声小，环保性好，一般适用于室内仓储装卸搬运作业。

适用于仓储作业的仓储叉车大多选择电力驱动，仓储叉车可分为：电动托盘搬运叉车、电动托盘堆垛叉车、电动拣选叉车、前移式叉车、低位驾驶三向堆垛叉车、高位驾驶三向堆垛叉车、电动牵引车和步行操纵式叉车等。

仓储叉车广泛应用于对环境要求较高的工况，但是它的动力持久性较差，一般工作约 8 小时后须对电池进行充电，因此对于多班制的工况需要配备备用电池。

（1）电动托盘搬运叉车。电动托盘搬运叉车的承载能力一般为 1.6~3.0 t，作业通道宽度一般为 2.3~2.8 m，货叉提升高度一般在 2.1 m 左右，主要用于仓库内的水平搬运及货物装卸。一般有步行式和站驾式两种操作方式，可根据效率要求选择。如图 2-5 所示为电动托盘搬运叉车。

图 2-5　电动托盘搬运叉车

（2）电动托盘堆垛叉车。电动托盘堆垛叉车承载能力为 1.0~1.6 t，作业通道宽度一般为 2.3~2.8 m，在结构上比电动托盘搬运叉车多了门架，货叉提升高度一般在 4.8 m 内，主要用于仓库内的货物堆垛及装卸。如图 2-6 所示为电动托盘堆垛叉车。

（3）前移式叉车。前移式叉车承载能力为1.0~2.5 t，门架可以整体前移或缩回，缩回时作业通道宽度一般为2.7~3.2 m，提升高度最高约11 m，常用于仓库内中等高度的取货、堆垛作业。如图2-7所示为前移式叉车。

图2-6　电动托盘堆垛叉车

图2-7　前移式叉车

（4）电动拣选叉车。按照拣选货物的高度，电动拣选叉车可分为低位拣选叉车（2.5 m内，见图2-8）和中高位拣选叉车（最高可达10 m，见图2-9），其承载能力为2.0~2.5 t（低位）、1.0~1.2 t（中高位，带驾驶室提升）。电动拣选叉车适用于不需要整托盘出货，而是按照订单拣选多品种少批量的货物，组成一个托盘，此环节称为拣选。

图 2–8　低位拣选叉车

图 2–9　中高位拣选叉车

（5）低位驾驶三向堆垛叉车。低位驾驶三向堆垛叉车通常配备一个三向堆垛头，叉车不需要转向，货叉旋转就可以实现两侧的货物堆垛和取货作业，通道宽度为 1.5~2.0 m，提升高度可达 12 m。叉车的驾驶室不能提升，考虑到操作视野的限制，主要用于提升高度低于 6 m 的工况。如图 2–10 所示为低位驾驶三向堆垛叉车。

图 2–10　低位驾驶三向堆垛叉车

（6）高位驾驶三向堆垛叉车。高位驾驶三向堆垛叉车与低位驾驶三向堆垛叉车类似，也配有一个三向堆垛头，通道宽度为 1.5~2.0 m，提升高度可达 14.5 m。其驾驶室可以提升，驾驶员可以清楚地观察到任何高度的货物，也可以进行拣选作业。高位驾驶三向堆垛叉车在性能和效率等方面都优于低位驾驶三向堆垛叉车，因此该车型已经逐步替代后者。如图2-11所示为高位驾驶三向堆垛叉车。

图2-11　高位驾驶三向堆垛叉车

（7）电动牵引车。电动牵引车采用电动机驱动，牵引后面几个装载货物的小车。电动牵引车经常用于车间内或车间之间大批货物的运输作业，如汽车制造业仓库向装配线的运输、机场的行李运输等。如图2-12所示为电动牵引车。

（8）步行操纵式叉车。步行操纵式叉车是针对在通道窄小的仓库、车间内部货物的装卸、搬运作业而设计的，其特点是转弯半径小，无驾驶台，它以蓄电池为动力，通过操纵杆控制货叉的升降。如图2-13所示为步行操纵式叉车。

图2-12　电动牵引车

图2-13　步行操纵式叉车

内燃叉车与电动叉车各有优劣势，适用于不同的工作环境下。随着电子控制技术的快速发展，电动叉车操作变得越来越舒适，适用范围越来越广，解决物流的方案越来越多，电动叉车的市场需求增长速度越来越快，电动叉车的市场份额也越来越大。

二、叉车的基本构造

叉车的种类繁多，但基本上每种叉车都由货叉、挡货架、控制杆、起升液压缸、护顶架、转向盘、座椅、机罩、轮胎、倾斜液压缸等组成。如图 2-14 所示为叉车结构图，如图 2-15 所示为叉车操作室结构图。

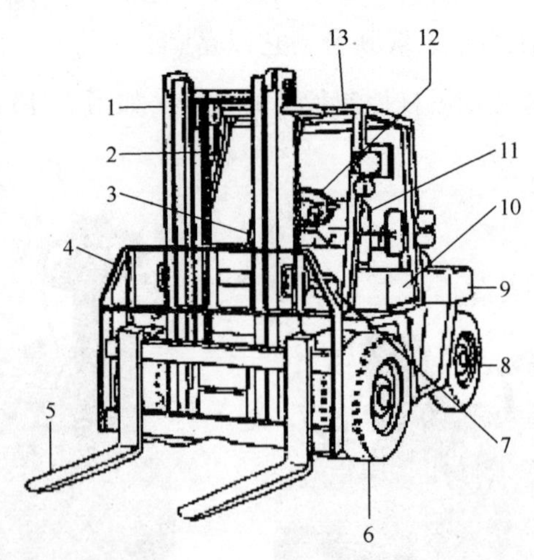

图 2-14 叉车结构图

1—门架 2—起升液压缸 3—控制杆 4—挡货架 5—货叉 6—前轮
7—倾斜缸 8—后轮 9—平衡重 10—内燃机罩 11—座椅
12—转向盘 13—护顶架

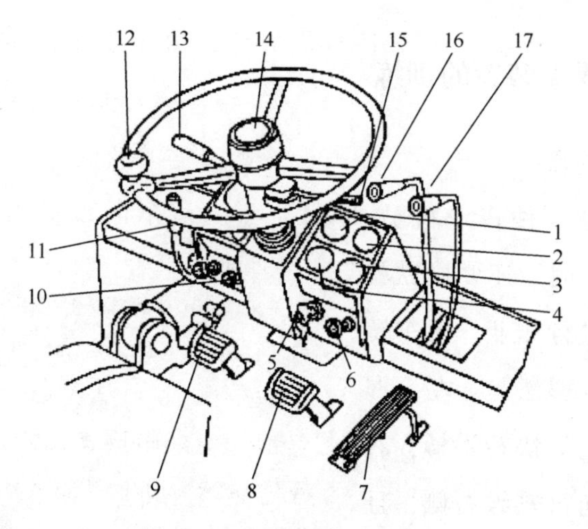

图 2-15　叉车操作室结构图

1—计时表　2—燃油表　3—发动机水温表　4—发动机油压表　5—启动开关
6—大小灯开关　7—加速踏板　8—制动踏板　9—微动踏板　10—怠速控制旋钮
11—驻车操纵杆　12—转向盘　13—变速排挡杆　14—喇叭按钮
15—转向灯开关　16—升降操纵杆　17—倾斜操纵杆

模块 2　叉车主要操纵装置的训练

对叉车的操纵装置，不仅要了解其用途和使用方法，最重要的是能熟练、准确地操作。操作时，司机必须注意着叉车的前方，操纵装置只能用余光扫视。要成为一名合格的叉车司机，必须在重视操作基本动作练习的同时，做到每一个动作都正确熟练，才能保证作业安全。

一、操纵装置的训练

1. 转向盘

叉车是一种作业机械，在驾驶叉车时，还要操纵其工作装置进行作业。叉车转向盘的正确握法是：左手握住转向盘上的快转手柄，右手置于转向盘轮缘右侧，且拇指向上自然伸直，四指由外向里握住轮缘，以左手为主、右手为辅，相互配合进行作业。当右手操纵其他工作装置时，左手握转向盘进行操作。

> **小知识**
>
> 叉车在平整的路面上行驶时，速度不得超过5 km/h。在转换方向时，尽量避免猛打转向盘，停车后不要在原地转动转向盘，以免损坏其转向机构。叉车在高低不平的道路上行驶或转向时必须握紧转向盘，左手不得松开转弯手柄，以免击伤自己的手。

2. 加速踏板

加速踏板是由右脚来进行操纵的。操纵时用脚掌轻踏在踏板上，脚跟置于驾驶室底板上，以此为支点，用踝关节的屈伸动作踏下或放松。踏、放踏板时，用力要柔和，不宜过急，要做到“轻踏、缓抬”，不可无故连续抖动或忽放忽踏。在叉车运行之中，右脚除了踏、放制动踏板之外，其他时间均要轻放在加速踏板上，即使叉车滑行，也应保持这种姿势。在停车前，不得猛踩加速踏板。

3. 制动踏板

制动踏板由右脚操纵。如图 2–16 所示，操纵时，应先放松加速踏板，然后用右脚掌踏在制动踏板上，以膝或踝关节的屈伸动作踏下或放松。

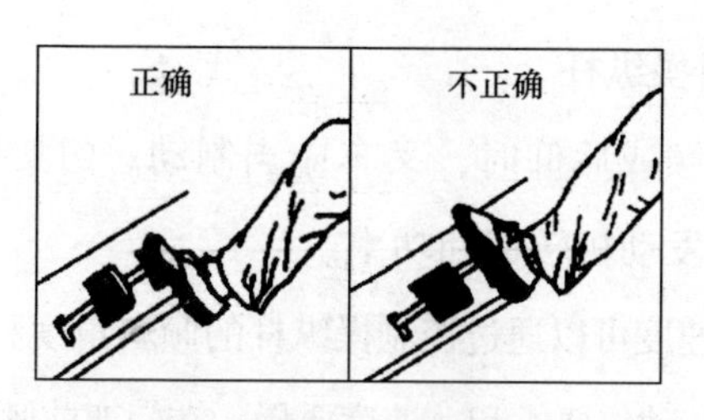

图 2-16　脚踏制动踏板的位置

踏下制动踏板的行程和速度，应根据不同的制动装置及要求的制动效果，分别采用立即完全踏下、先轻踏下再逐渐加重及随踏随放的方式，以达到减速或停车的目的。除有紧急情况须施行紧急制动外，一般应“缓慢轻踏，迅速放松”，尤其是在叉车重载行驶时，否则易造成货物散落，甚至损坏。

叉车在快速行驶或下坡实施停车制动时，应先踩离合器踏板，然后踏制动踏板，降低车速，实现停车。

4. 离合器踏板

离合器踏板是用右脚控制的，主要用于平稳起步和平顺换挡。

二、工作装置的训练

叉车工作装置一般均由右手操纵。操纵前应看清标牌，具体操作如下：

1. 货叉升降操纵杆

起升货物时，应先稍踏加速踏板，提高发动机的转速和功率；货叉的升降速度可以通过控制操纵杆的倾斜角度和发动机转速来实现。在升降货物的开始和停止时，动作要柔和，货叉速度要慢，以免散落、损坏货物及损坏机械。

2. 门架倾斜操纵杆

操纵门架前倾或后仰时，叉车应当制动。门架后倾时，应稍踏加速踏板，提高发动机转速和功率。

门架的倾斜速度可以通过控制操纵杆的倾斜角度和发动机转速来实现。操纵手柄时，动作要柔和，速度要慢。在门架前倾或后仰快到位时，要适当留有余量，避免过倾，以延长安全溢流阀的使用寿命。

在起升货物时，门架必须置于垂直或后倾位置，以防叉车超载前翻；严禁门架在前倾位置行驶，以防散落、损坏货物。

3. 属具操纵杆

对于装有压货器、夹抱器等属具的叉车，其分配阀上装有相应的属具操纵杆。在操纵这些操纵杆时，动作要柔和，特别是夹具接触货物后更应注意操纵杆的动作量，既要夹持稳定可靠，又不能夹坏货物。

模块 3　内燃叉车的基础训练

本节以内燃平衡重力式叉车为例，介绍其基础训练方法，具体步骤如下：

一、起步

起步是最基本、使用频率最高的叉车驾驶操作动作。起步的规范性直接影响着货物的安全、叉车的作业效率及使用寿命等。

起步前，观察四周，确定无障碍物。叉车起步时，身体要保持端正、自然，两眼注视行驶方向上道路情况及货垛情况。具体操作方法是：起步时，应先踏下离合器踏板，挂挡，鸣笛，再缓慢松开离合器踏板并逐渐轻踏加速踏板。

二、直线行驶

1. 前进

驾驶员要目视前方，看远顾近，注意两旁，姿势要规范。左手握转向盘，右手放在操纵杆上，紧密配合。

行驶中，如果路面凹凸不平，容易使转向轮受到冲击震动而产生偏斜，须及时修正方向。在修正方向时，要少打少回，以免过打使叉车“画龙”。

2. 倒车

在叉车的驾驶中，倒车的频率是非常高的。正确掌握倒车技能，对提高叉车的作业效率起着非常重要的作用。

对于驾驶座位在左边的叉车，在较长距离的倒车时，应先看清周围情况，选定倒车路线，发出倒车信号，并鸣笛，以引起行人和其他车辆的注意。倒车时左手掌握转向盘，身体向右斜坐，右臂依托在靠背上，头转向后方，两眼注视后方路线及货垛情况。为了防止因倒车速度过快而发生危险，在倒车过程中必须控制好车速，不可忽快忽慢。

三、停车

> **小知识**
>
> 内燃叉车停车口诀：
>
> 减速靠右车身正，适当制动把车停。
>
> 拉紧制动放空挡，踏板松开再熄火。

叉车在行驶中的一般停车动作如下：

1. 放松加速踏板，根据

情况需要，分别采用立即先轻踏下再逐渐加重、随踏随放及完全踏下的方式，以达到减速或停车的目的。

2. 拉紧驻车操纵杆，将货叉降到最低位置，关闭点火开关，拉起熄火线。

四、转向

叉车行驶时，为了适应道路的变化和作业的要求，需要经常改变行驶方向。因此，驾驶员必须了解有关转向的技术要素，进行正确分析判断，适时地运用转向。

1. 最小转弯半径及内、外轮差

正确的转向，首先应当对道路的弯度、叉车行驶的轨迹有正确的估计，然后通过转动方向盘改变后轮（转向轮）的方向。影响叉车转弯角度的因素有两个，即最小转弯半径和内、外轮差。

（1）最小转弯半径。将转向盘向右（左）转到底，叉车即绕圆圈行驶。如图2-17所示，以内燃叉车为例，当叉车以怠速行驶时所得到的这个圆圈的半径（以叉车最外侧轨迹计算），就是该车的最小转弯半径。

叉车的转弯半径是由外形尺寸和后轮转向角决定的。转向角大，外形尺寸小，其最小转弯半径就小，转弯就容易；反之，转向角小，外形尺寸大，其最小转弯半径就大，转弯就难。由于各种叉车的外形尺寸和转向角在结构上已经确定，所以各种叉车的最小转弯半径是不会改变的。因此，当驾驶最小转弯半径较大的叉车转弯时，要注意不使货叉、车身碰及其他障碍物或前外轮（后倒时为后外轮）越出路外；当驾驶最小转弯半径较小的叉车转弯时，要注意不使货

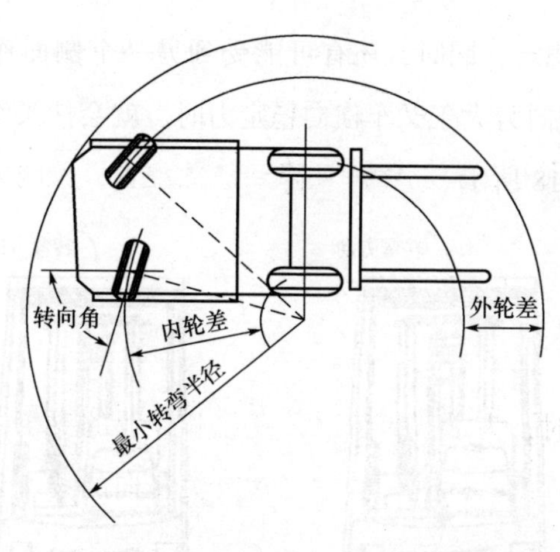

图 2-17　叉车最小转弯半径及内外轮差

叉、车身碰及其他障碍物或后外轮（后倒时为内前轮）越出路外。

（2）内轮差及外轮差。如图 2-17 所示，叉车在转弯时，后内轮转弯半径与前内轮转弯半径之差，叫内轮差；后外轮转弯半径与前外轮转弯半径之差，叫外轮差。内轮差、外轮差的大小由各种车型的轴距和转向角而定。

叉车在转弯时，既要正确估算最小转弯半径，照顾到前外轮不要越出路外及货叉碰撞其他障碍物，又要考虑到外轮差，避免后外轮越出路外或碰撞其他障碍物，同时要考虑到内轮差，避免倒车时前内轮越出路外或压碰其他障碍物。

2. 叉车的稳定性

叉车的稳定性，是指叉车在行驶过程中不发生横滑和倾覆的能力。稳定性分为横向稳定性和纵向稳定性两种，它与轮距、轴距、车速、转向速度、重心位置、道路等有着直接的关系。

（1）横向稳定性。叉车以自身的重量压在路面上，产生附着作用，保持叉车稳定，同时，还有可能受到另一个侧面作用的力（即横向力）。当横向力大于叉车横向稳定力时，就会使叉车发生横滑或倾翻，如图 2-18 所示。

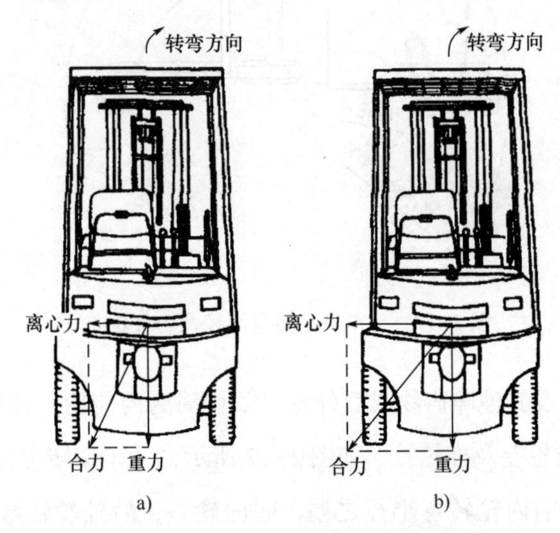

图 2-18　叉车转弯横向力示意图

引起叉车产生横向力的因素主要有以下几个：

1）行驶时路面横向倾斜度过大。

2）转弯时行驶速度过快或转向过急。

3）左右轮制动力不同。

4）左右轮下路面的附着系数不同。

5）货物重心偏移或过高。

（2）纵向稳定性。叉车在上、下坡或作业中，失去纵向稳定性便有引起纵向倾覆的可能。叉车上坡时受力情况如图 2-19 所示。叉车正向上坡及反向下坡时，只要不使用紧急制动，一般不可能失去纵向稳定性，这是由叉车设计时其最大爬坡度决定的。而当重载叉车反向上坡或正向下坡以及空载叉车反向下坡时，则很容易失去纵向稳定性而发生倾覆。

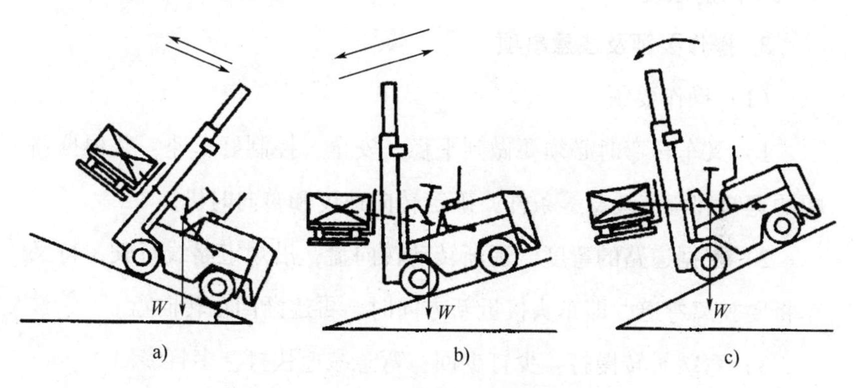

图 2-19　叉车纵向稳定性

a）正向上坡　b）反向上坡　c）重载反向上坡

当门架在前倾位置起升货叉时，满载叉车也易失去纵向稳定性而发生向前倾覆，如图 2-20 所示。

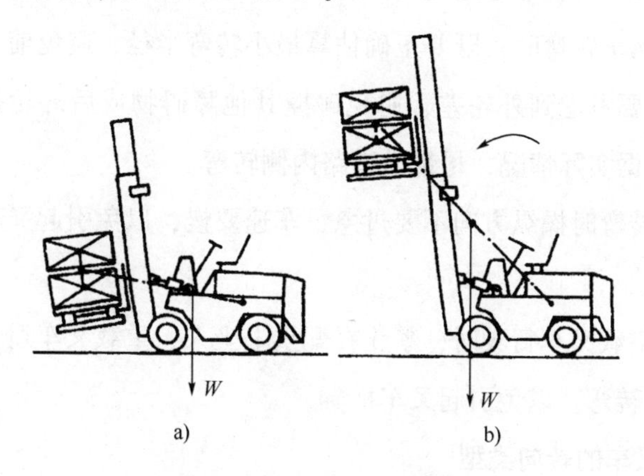

图 2-20　叉车纵向稳定性

a）前倾位置起升前　b）前倾位置起升后

由此可知，重载叉车上坡应正行，下坡应倒行，而且在坡道上应避免使用紧急制动；当需要起升货叉时，门架一定要向后倾，以防叉车向前倾覆。

3. 操作要领及注意事项

（1）操作要领

1）叉车转弯时必须要做到平稳、安全，控制好车速，并根据路幅的宽窄和弯道缓急等条件，确定转向速度和转向时机。

2）根据道路的弯度，逐渐转动转向盘，沿规定路线行驶，待叉车将要驶离弯道，即车头接近新方向时，再逐渐回正转向盘。

3）弯缓早转慢打，少打少回；弯急减速快打，多打多回。

（2）注意事项

1）叉车转弯时，打开转向灯，鸣笛，同时注意观察弯道情况，以确定转弯时机和转向角度。

2）转弯时应尽量避免使用制动，特别是紧急制动。

3）叉车转弯时，既要正确估算最小转弯半径，避免前外轮越出路面，又要考虑到外轮差，避免碰撞其他障碍物或后外轮掉沟。所以，应根据实际情况，尽量沿道路内侧转弯。

4）转弯时操纵方向不要过急，车速要慢，以免引起叉车横滑和倾覆。

5）空载叉车行驶时，禁止在配重上坐人；重载叉车避免用最小转弯半径转弯，以免引起叉车横翻。

4. 叉车的转向类型

（1）叉车的转向系统有两种形式。一种为单一后轮偏转，如0.4 t、0.5 t的叉车；另一种为双后轮偏转，如CPD1、CPD2等类型叉车。

采取单一后轮偏转叉车的本身为四支点支撑，即左、右前轮为从动轮，左后轮为驱动轮兼转向轮，右后轮为辅助轮。驱动轮与辅助轮之间设置的平衡机构，可保证叉车在路面不平的情况下四轮同时着地，使叉车正常行驶。它的转向是通过转向系统带动左后轮偏转，辅助轮随车身转向而偏转。这种转向形式的转向中心可以在前桥轴线上甚至中心处，因而使叉车转弯半径很小。但正因为这一点，叉车在转向过程中，其内前轮会反向转动，使得本身相对后移，转向速度也相对加快。在操纵这类叉车转向时，要掌握这一点，以防叉车后轮越出路面或碰撞其他障碍物。另外，由于这类叉车转弯半径过小，使转向角过大，当叉车转弯时，如果行驶速度过快或转向速度过快，所产生的横向离心力会很大，易造成叉车侧滑或翻车。因此，转弯时一定要提前降低车速，不要过猛地转动转向盘，以免发生事故。

（2）电动的转向系统通常也有两种形式。一种是双前轮偏转式转向（多用在四点支撑），其最小转弯半径一般较大，转向中心在后轮轴线的延长线上。转向时应注意前外轮不要越出路面，同时应注意内轮差，不要使后内轮越出路面；另一种是单前轮转轴式转向（多用在三点支撑）。单前轮转轴式转向系统，是把驾驶员作用在转向盘上的力，通过减速齿轮放大后作用到转向轮上，使车轮偏转而实现转向。这种三点支撑式的转向中心可以在后轮轴线上，因此其最小转弯半径很小。转弯时，除应注意其内轮差，不使其后内轮或牵引拖车越出路面，尤其应降低车速，转动转向盘不要过猛，以防止其发生侧向倾覆。由于转向角过大，倒车时转弯常常不易控制，所以一定要控制好车速，精心操作，以防翻车事故的发生。

五、制动

叉车在行驶中经常受到地形和通道情况的限制，驾驶员必须根据实际情况使用制动，对叉车进行减速或停车，以确保作业安全。

1. 制动停车距离

制动停车距离包括反应距离和制动距离。

(1) 反应距离。叉车在行驶中，从驾驶员发现情况想要停车开始，直到踏下制动踏板产生制动作用，这段时间内叉车所行驶的距离，称为反应距离。

反应距离取决于驾驶员的思想集中程度、技术熟练程度以及叉车的行驶速度。思想集中，技术熟练，则反应距离就短，反之，思想不集中，技术不熟练，反应距离就长；叉车行驶速度越快，反应距离就越长，反之，则越短。

(2) 制动距离。从驾驶员踏下制动踏板产生制动作用，到叉车完全停住，这段时间内叉车所行驶的距离，称为制动距离。制动距离的长短，与叉车制动力、行驶速度、附着系数等要素有关。行驶速度越快，制动距离就越长。制动力越大，制动距离就越短，反之，制动距离就越长。同样，制动距离与道路的附着系数成反比关系。在附着系数小的路面上用强力制动时，虽然能制止车轮滚动，但不能制止车轮在地面上滑动，制动距离仍然很长。由此可见，路面附着系数越小，制动距离就越长，反之，制动距离就越短。

2. 制动方法

叉车制动是通过操纵制动装置来实现的。制动操作正确，是保证安全的重要条件。制动方法可分为预见性制动和紧急制动两种。

（1）预见性制动。预见性制动是驾驶员对已发现的情况或可能出现的复杂局面，提前做好了思想准备和技术准备，有计划、有目的地采取减速或停车的措施。预见性制动的操作方法是：发现情况后，提前放松加速踏板，利用发动机内部摩擦降低车速，并根据情况，间歇、缓和地轻踏制动踏板，使叉车降低车速；当车速已降低到很慢时，再踏下离合器踏板，同时轻踏制动踏板，使叉车平稳地安全停车。预见性制动是叉车作业中使用最频繁的制动方式，也是确保安全、节约油料和减少机件损坏的有效方法。

（2）紧急制动。紧急制动是叉车在行驶中遇到突然危险情况时，为了避免事故的发生，驾驶员所采取的紧急停车措施。紧急制动对叉车各部件和轮胎都会造成较大的损伤。而且往往由于左右车轮制动力不一致，或左右车轮着地路面的附着系数有差异，造成叉车摆尾，方向失去控制。因此，只有在紧急情况下方可使用紧急制动。

紧急制动的操作方法：握好转向盘，两眼注视前方，迅速抬起加速踏板，并立即用力踏下制动踏板，同时拉紧手制动杆，发挥车辆的最大制动力，使叉车立即停住。

对于内燃叉车而言，在作业时常采用减速停车制动。即在叉取货或卸货的过程中，叉车的速度越小越安全。由于这一段距离较短，还要使发动机不熄火，驾驶员往往踏下离合器踏板减速滑行，使货叉快到位时，踏下制动踏板停车。

知识巩固

任务 1　正确驾驶姿势及起步、停车

任务描述：

叉车驾驶员按规定进行巡检后上车，系好安全带，调整好座椅，按规范启动叉车，并按规定进行停车入库操作，完成操作后规范下车。

任务准备：

为了完成上述操作，需要至少准备叉车一辆，秒表一块，安全帽一顶，训练评分表每人一份。

任务实施：

步骤一：学习规范上车姿势

上车动作：叉车驾驶员佩戴好安全帽，规范巡检（门架、前后轮胎、仪表）后，左手扶上车把手，右手扶座椅，右脚放至安全踏板，坐上叉车驾驶座位，正确系上安全带。

驾驶姿势：叉车驾驶员左手握住转向盘，右手轻放在升降操纵杆和倾斜操纵杆上。上体保持端正、自然，两眼注视前方道路情况。

步骤二：学习叉车起步流程

起步是叉车驾驶的基础，动作频率高，起步质量直接影响操作效率和机械使用寿命。以下以电动叉车为例。

电动叉车起步流程：合上电源开关，闭合方向开关，鸣笛，松开驻车制动，将货叉升至 20 ~ 30 cm，门架后倾 15°左右，踩加速踏

板，叉车起步。

步骤三：学习叉车停车流程

电动叉车规范停车流程：减速停车，门架回位，车轮回正，拉紧驻车制动，转向开关处于中间位置，关闭电锁，切断总电源，拔掉钥匙，规范下车。平稳停车的关键是根据车速快慢，适当、均匀地踩踏制动踏板。

任务评分表

姓名________________　　　　　　日期________________

训练项目	序号	扣分项目	扣分值	次数	扣分总数
正确驾驶姿势及起步、停车（100 分）	1	操作顺序不正确	2 分		
	2	未戴安全帽	2 分		
	3	未系安全带	2 分		
	4	操作步骤不完整	5 分		
	5	坐姿不端正	2 分		
	6	货叉没有调整至规定位置	5 分		
	7	危险或不规范动作	10 分		
训练正常用时			最终得分		

任务 2　直线前进和后退

任务描述：

叉车驾驶员按规范上车，顺利启动叉车后，从车库出发，向前直线行驶 20 m，然后直线后退 20 m 回库，要求不能走偏。

任务准备：

为了完成上述操作，需要至少准备叉车一辆，秒表一块，安全帽一顶，训练评分表每人一份。

任务实施：

步骤一：布置训练场地

步骤二：学习直线前进操作要领

步骤三：学习直线后退操作要领

任务评分表

姓名________________　　　　　　　　　　　　日期________________

训练项目	序号	扣分项目	扣分值	次数	扣分总数
直线前进和后退（100分）	1	没有按照正确操作顺序起步、停车	2分		
	2	未戴安全帽	2分		
	3	未系安全带	2分		
	4	转向盘操作不当	5分		
	5	擦到障碍物	2分		
	6	碰倒障碍物	5分		
	7	驶出规定路线	5分		
	8	危险或不规范动作	10分		
训练正常用时			最终得分		

第3单元 式样驾驶训练

掌握了前几项叉车基本操作后，可以在叉车训练场地进行式样驾驶训练，通常包括“8”字行进、侧方移位、倒进车库、通道驾驶、场地综合练习等几项训练内容，下面分别说明其场地设置及操作要领。

模块1 “8”字行进训练

叉车“8”字行进训练，俗称绕“8”字，主要是训练驾驶员对转向盘及行驶方向的控制。

> **小知识**
> 叉车司机在进行“8”字行进训练的过程中，为了更好地保障整个训练过程的安全，司机要从“8”字形顶端驶入，不得从两环交会处驶入，转动方向盘要适当、平稳，修正方向要均匀、及时，不得进行折线行驶。

一、场地设置

叉车“8”字行进的场地设置，如图3-1所示。大吨位的叉车的路幅还可以适当放宽。

二、操作要领

1. 叉车司机在进行“8”字行进训练的过程中，尽量用低速挡，待操作熟练后，再适当加快速度，在进行加速操作时要平稳。

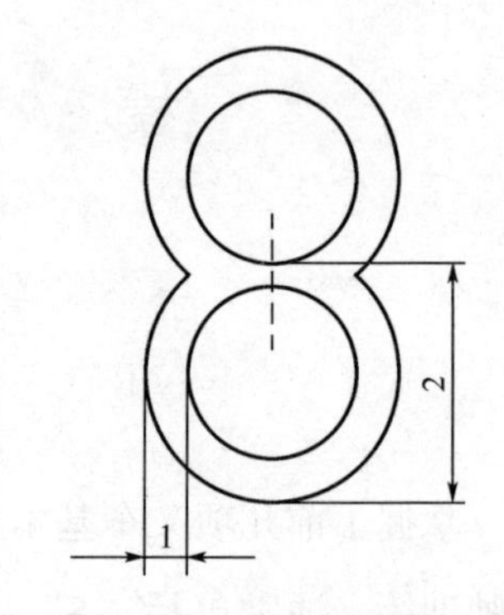

图 3-1 “8”字行进场地设置
1—路幅（内燃叉车为车宽+80 cm，电动叉车为车宽+60 cm）
2—大圆直径（2.5 m 车长）

2. 叉车司机在前进行驶时，要按小转弯要领操作，前内轮应靠近内圈，随内圈变换方向。既要防止前内轮压内圈，又要防止后外轮压碰外圈。叉车行至交叉点的中心线时，迅速向相反的方向转动转向盘。

3. 倒车行驶时，要按大转弯的要领操作，后外轮应靠近外圈，随外圈变换方向。既要防止后外轮越出外圈，又要防止前内轮压碰内圈。叉车行至交叉点中心线时，迅速向相反方向转动方向盘。

三、注意事项

1. 初学者车速要慢，加速要平稳。

2. 运行时，叉车随时都在转弯状态中，故后轮阻力大，如加速不足，会造成熄火，加速过快，不易修正方向。

3. 必须正确加速，待熟练后再适当减速。

4. 转动方向盘时要平稳、适当，修正方向要及时，角度要小，不要曲线行驶。

模块 2　侧方移位训练

侧方移位是车辆不改变方向，并能在有限的场地内将车辆移至侧方位置。侧方移位在叉车整个作业中应用较多，如在码垛和取货时，就会经常使用侧方移位的方法来调整叉车的位置。

一、场地设置

叉车侧方移位的场地设置，如图 3-2 所示。图中位宽=两车宽+80 cm，位长=两车长。

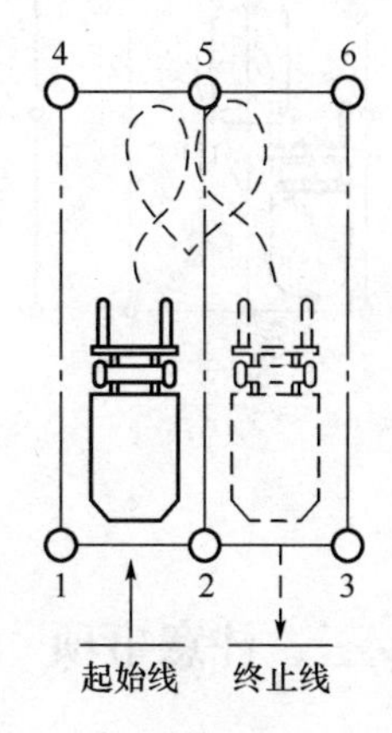

图 3-2　叉车侧方移位场地设置

1~6——场地标识点

（其中，点 1—点 3 是位宽，点 1—点 4 是位长）

二、操作要领

1. 当叉车司机挂低速挡完成第一次前进起步后，应稍向右转动转向盘，待货叉尖距前标杆线一米处，迅速向左转动方向盘，使车尾向右摆。当车摆正或货叉尖距前标杆线半米处，迅速向右转动转向盘，为下次倒车做好准备，并随即停车，如图 3-3a 所示。

2. 当叉车司机挂低速挡完成第一次倒车起步后，继续向右转动转向盘，待车尾距后标杆线一米处，迅速向左转动转向盘，使车尾向左摆。当车摆正或车尾距后标杆线半米处，迅速向右转动转向盘，为下次前进做好准备，并随即停车，如图 3-3b 所示。

3. 当叉车司机完成第二次前进起步后，可按第一次前进时的转向要领，使叉车完全进入右侧位置，并正直前进停放，如图 3-3c 所示。

4. 当叉车司机完成第二次倒车起步后，应观察车后部与外标杆和中心标杆，取相同距离倒车。待车尾距后标杆线约一米时，司机将叉车校正位置后，随即停车，如图 3-3d 所示。

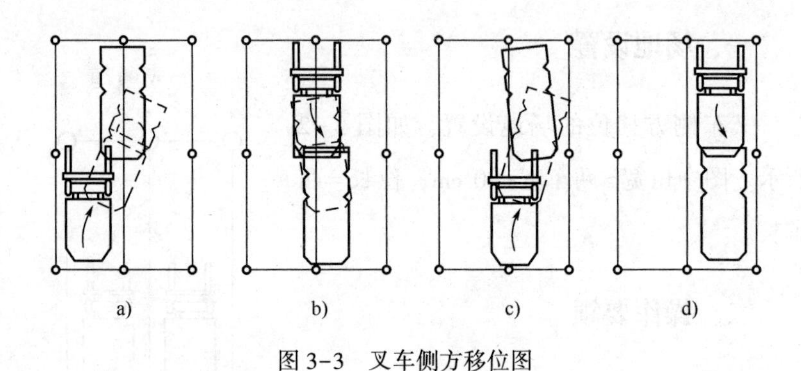

图 3-3　叉车侧方移位图

三、注意事项

1. 在操作的过程中必须严格注意控制车速。

2. 在驾驶内燃式叉车时，在前进和后退操作过程中不允许踩离合踏板；也不允许随意停车，更不允许打“死方向”，以免损坏机件。

3. 倒车时，应准确判断目标，转头要迅速及时，应兼顾好左右及前后。

模块 3　通道驾驶训练

通道驾驶训练即叉车司机在库房或货物的堆垛通道内行驶。司机在通道内驾驶的熟练程度，将会直接影响叉车的作业效率和安全。

一、场地设置

通道内驾驶训练，可将托盘、空箱体等物件模拟成通道，通道驾驶场地应设置有左、右直角拐弯和横道，其通道宽度为实际叉车直角拐弯时的通道宽度，如图 3-4 所示。

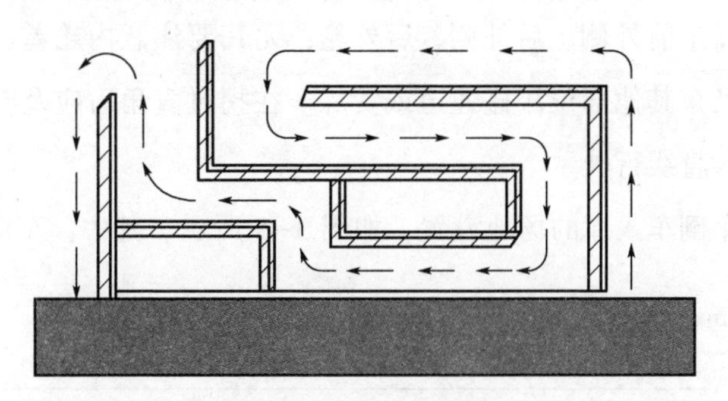

图 3-4　通道驾驶场地

二、操作要领

1. 叉车司机在进行直通道内前进训练时，为了便于观察和掌握方向，应使叉车在通道中央或稍偏左行驶。在直角拐弯处时，首先减缓速度，留出适当的安全距离，叉车靠近内侧行驶；根据内侧距离大小，车速快慢，确定转向速度和转向时机，使叉车内前轮绕直角行驶。一般车速慢、内侧距离大，应早打慢转；车速快、内侧距离小，应迟打快转。叉车转过直角后，应及时回转方向并进入直线行驶，要根据通道宽度来估算回转方向的时机和速度。一般通道宽度大，应早回慢回，通道宽度小，应迟回快回。要避免回转方向不足或回转方向过多，造成叉车在通道内“画龙”的危险。

2. 叉车后倒。叉车在直通道内倒车时，首先要注意驾驶姿势，使叉车在通道中央行驶，同时选择好观察目标，使叉车在通道内平稳正直地倒车。在通过直角拐弯处时，应先减速，并靠通道外侧行驶，使内侧留有足够的距离；根据车速快慢、内侧距离大小，确定转向时机和转向速度，使叉车内前轮绕直角行驶。在拐弯过程中，要注意叉车前外侧、后外侧、后外轮，尤其要注意内轮差，防止内前轮及叉车其他部位压碰通道或货垛。在拐过直角后应及时回转方向并进入直线行驶。

叉车倒车入库的场地设置，如图 3-5 所示。其中：车库长＝车长+40 cm；车库宽＝车宽+40 cm；车库前路宽＝$\frac{5}{4}$×车长。

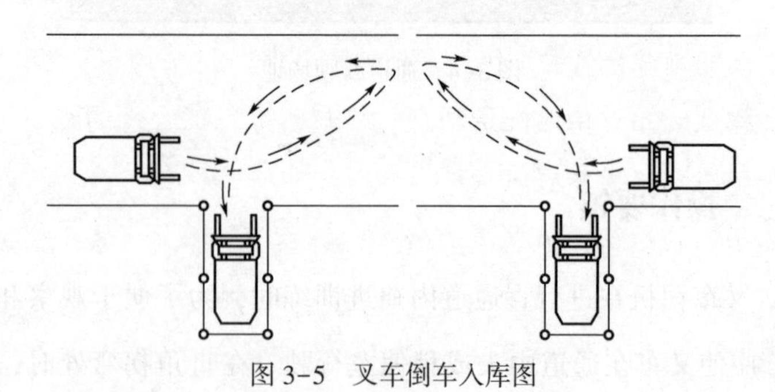

图 3-5　叉车倒车入库图

（1）当叉车接近车库时，应以低速靠近车库的一侧行驶，并适当留足车与车库之间的距离，待转向盘与车库门（墙）对齐时，迅速向左（右）转动转向盘，使叉车缓慢地驶向车库前方。当前轮接近路边或货叉接近障碍物时，迅速回转转向盘并停车。

（2）倒车前，驾驶员应先向后看准车库目标。起步后，向右（左）转动转向盘，慢慢倒车；当车尾进入车库时，就应及时向左（右）回转转向盘，并前后照顾，及时修正，使车身保持正直倒进库内，回正车轮后立即停车。

三、注意事项

1. 倒进车库时，要注意两旁，进退速度要慢，不要刮碰车库门（或标杆），遇到倒车困难时，应先观察清楚后再倒车。

2. 停车位置应在车库的中间，货叉和车尾均不准超出车库（或地面画线）之外。

模块 4　场地综合驾驶训练

叉车场地综合驾驶训练，是把通道驾驶、过窄通道、“8”字行进等式样驾驶和直角取卸货结合在一起所进行综合性的练习。其场地设置可以参照图 3-6 所示。

图中，A=车宽+80 cm；$E=C+a+L+C$ 安［其中：a 为前轴中心线至货叉垂臂前侧的距离，L 为货物的前后长度，C 安为安全距离（一般取 0.2 m）］；B、C 等尺寸根据工作通道和工作面确定，其中 $B=B_{取}$，$C=B_{转}$；D=车宽+10 cm。

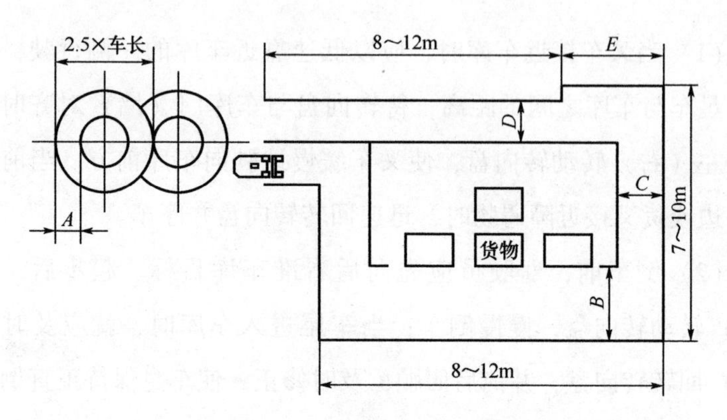

图 3-6 叉车综合练习场地

叉车从场外起步后，进入通道（图示位置），经右直角转弯，后左直角转弯前进至货垛，左转直角取货，完成取货后向左后倒车退出货位停车。叉车再次起步前进，经两次左直角转弯后驶入窄通道，前进驶出窄通道后，绕“8”字转 1~2 圈后，叉车进入通道，经右直角转弯、左直角转弯前进至货垛，左转直角卸货，起步后倒出货位，倒车经左转弯、右直角转弯后到达初始位置停车，整个综合训练过程完毕。

在整个训练过程中，要正确运用各种驾驶操纵装置，不允许发动机熄火和打死方向，起步、停车要平稳，中途不得随意停车或长期使用半联动。

知识巩固

任务 1 “8”字行进

任务描述：

在规定时间内，叉车驾驶员按“8”字行进路线完成整个操作。

任务准备：

为了完成上述操作，需要准备叉车一辆，秒表一块，障碍物若干，安全帽一顶，“8”字行进训练评分表一份。

任务实施：

步骤一　布置训练场地——“8”字行进场地

步骤二　学习“8”字行进训练操作要领及注意事项

任务评分表

姓名________　　　　日期________

训练项目	序号	扣分项目	扣分值	次数	扣分总数
“8”字行进（100 分）	1	没有按照正确顺序起步	2 分		
	2	未戴安全帽	2 分		
	3	未系安全带	2 分		
	4	擦到障碍物	2 分		
	5	碰倒障碍物	5 分		
	6	方向盘操作不当	5 分		
	7	没有按照正常顺序停车	2 分		
	8	危险或不规范动作	10 分		
训练正常用时			最终得分		

任务 2　侧方移位

任务描述：

在规定时间内，叉车驾驶员按指定路线操作叉车进行侧方移位。

任务准备：

为了完成上述操作，需准备叉车至少 1 辆，秒表至少 1 块，安全帽一顶，侧方位训练评分表每人一份。

任务实施：

步骤一：布置侧方移位训练场地

步骤二：了解侧方移位训练操作要领及注意事项

任务评分表

姓名________________　　　　　　日期________________

训练项目	序号	扣分项目	扣分值	次数	扣分总数
侧方移位（100 分）	1	没有按照正确顺序起步、停车	2 分		
	2	未戴安全帽	2 分		
	3	未系安全带	2 分		
	4	擦到障碍物	2 分		
	5	碰倒障碍物	5 分		
	6	方向盘操作不当	5 分		
	7	中途停车	2 分		
	8	危险或不规范动作	10 分		
训练正常用时			最终得分		

任务 3　通道驾驶

任务描述：

在规定时间内，叉车驾驶员按指定路线进行通道驾驶训练，要求：

1. 叉车驾驶中不允许挂高速挡。

2. 叉车驾驶过程中轮胎不得压线或超出指定区域。

3. 叉车驾驶过程中不得撞到或撞倒障碍物。

4. 将叉车驶回停车位停车后，车辆不得超出停车位边界。

5. 操作时间不得超过 5 min。

任务准备：

为了完成上述操作，需准备叉车至少 1 辆、秒表至少 1 块、障碍杆若干、通道驾驶训练评分表每人一份。

任务实施：

步骤一：布置通道驾驶训练场地

通道内驾驶训练，可将障碍杆列成模拟通道，其通道宽度实际为叉车直角拐弯时的通道宽度（建议为 2.1 m 或 2.2 m）。通道驾驶场地应设置有左、右直角拐弯和横通道，其形式不限。

步骤二：了解通道驾驶训练线路

1. 训练线路

（1）从车库出车到货架一取一个空托盘并将其放置在货架三的指定位置。

（2）到货架二取第二个托盘（含货物）并到货架三进行第二层的叠放。

（3）退车，再将货架三两个托盘和货物同时放回货架一指定位置，最后将车驶回车位。

（4）学员驾驶叉车，按照指定路线行驶完毕，驶回停车库。

任务评分表

姓名＿＿＿＿＿＿＿＿　　　　　　　日期＿＿＿＿＿＿＿＿

训练项目	序号	扣分项目	扣分值	次数	扣分总数
通道驾驶（100 分）	1	没有按照正确顺序起步、停车	2 分		
	2	未戴安全帽	2 分		
	3	未系安全带	2 分		
	4	擦到障碍物	2 分		
	5	碰倒障碍物	5 分		
	6	转向盘操作不当	5 分		
	7	未按规定线路行驶	2 分		
	8	危险或不规范动作	10 分		
训练正常用时			最终得分		

第4单元

叉车作业训练

模块1　叉车叉取作业

叉车起步后，驾驶叉车至货垛之前，操纵门架将其调整成垂直状态，将货叉升起至托盘凹槽中部，操纵叉车慢慢向前移动，使货叉进入托盘底部，提升货叉并操纵门架及货叉并使其后倾，以防止叉车在行进中掉落货物，最后倒车使叉车离开货垛，降低货叉至离地面20~30 cm，然后操纵叉车行驶至指定位置。全部取货程序概括起来共有八步，即驶近货垛、垂直门架、调整叉高、进叉取货、微提货叉、门架后倾、驶离货垛、调整叉高，见表4-1。

表4-1　　　　叉车叉取作业程序

作业步骤	作业名称	作业特点	作业图示	作业说明
1	驶近货垛	叉车起步后，驾驶叉车至货垛之前，进入作业位置		①通过操纵杆，操纵门架并调整叉高，要求动作连续，一次到位。不允许反复多次调整，以提高作业效率 ②进叉取货过程中，可以通过离合器控制进叉速度，避免碰撞货垛。取货方向要正，不能偏斜，以防止货物散落
2	垂直门架	操纵门架并将其调整成垂直状态		

续表

作业步骤	作业名称	作业特点	作业图示	作业说明
3	调整叉高	操纵货叉并升降操纵杆，将货叉升起至托盘凹槽中部		③进叉取货时，叉高要适当，禁止刮碰货物或货垛 ④叉货行驶时，门架一般处于后倾位置。在叉取特殊货物，门架后倾反而不利时，应使门架处于垂直位置。任何情况下，都禁止在门架前倾状态下使叉车重载行驶
4	进叉取货	操纵叉车并慢慢向前移动，使货叉进入托盘凹槽		
5	微提货叉	操纵货叉升降操纵杆，使货物向上起升离开货垛		
6	门架后倾	操纵门架及货叉后倾，防止叉车在行驶中散落货物		
7	驶离货垛	操纵叉车倒车，离开货位		
8	调整叉高	操纵货叉升降操纵杆，降低货叉至离地面 20~30 cm		

模块 2　叉车卸载作业

叉车叉取货物后，其卸载或堆垛时的工作情况，见表 4-2。叉车叉取货物后行驶至新的货堆前面，起升货叉使其超过货堆的高度，操纵叉车慢慢驶向新的货堆，使叉取的货物对准并位于新堆的上方，使门架向前垂直。这时操纵货叉慢慢下降，使叉取的货物放在新货堆上，并使货叉离开货物底部，操纵叉车倒车离开货堆，后倾门架，降低货叉。全部放货程序概括起来共有以下八步：驶近货位、调整叉高、进车对位、垂直门架、落叉卸货、倒车抽离、门架后倾和调整叉高。

表 4-2　　叉车卸载作业程序

作业步骤	作业名称	作业特点	作业图示	作业说明
1	驶近货位	叉车叉取货物后行驶至卸货位置，准备进行卸货作业		①通过操纵杆，操纵门架或调整叉高，速度要慢，动作要柔和，以防货物散落。同时动作要连续，一次到位，不允许反复多次调整，以提高作业效率 ②对准货位时速度要慢，禁止打死方向，左、右位置不偏不斜。要留出适当距离，以防垂直门架时货叉前移而不能对正货堆或货垛
2	调整叉高	操纵升降操纵杆，使货叉起升（或下降），超过货垛（或货位）的高度		
3	进车对位	操纵叉车继续向前行驶，使货物位于货垛（或货位）的上方，并对准位置		

续表

作业步骤	作业名称	作业特点	作业图示	作业说明
4	垂直门架	操纵门架操纵杆，调整门架，使之处于垂直位置		③垂直门架叉车一定要在门架后倾状态移动，必须在对准货位以后进行 ④落叉卸货后抽出货叉，货叉高度要适当，禁止拖拉、刮碰货物或货垛
5	落叉卸货	操纵升降操纵杆，使货叉慢慢下降，将所叉货物放于货垛（或货位）上方，并使货叉离开货物底部		
6	倒车抽离	叉车起步后倒，慢慢驶离货垛		
7	门架后倾	操纵门架向后倾斜		
8	调整叉高	操纵货叉起升或下降至正常高度，驶离货堆		

模块3 叉车的综合训练

一、叉卸货技术

叉车作业，不论是装货，还是卸货，都必须重复完成叉货、卸货两个基本动作。初学时，一定要严格按八个动作要求，由慢到快，循序渐进，养成良好的操作习惯。同时还应特别注意操纵动作的协调性和行驶速度、操纵动作与刹车动作的配合。叉卸货物的熟练程度，可以用一次叉货准确率、一次卸货成功率、一次叉卸货循环时间等数据进行衡量。

> **小知识**
>
> 一个好的叉车司机，应做到叉得准，准而稳；行短路，转小弯；动作程序分明，车速配合适当；叉货准，卸货稳，不顶、不刮、不拖拉。

二、叉车叉卸货效率分析

在仓库货物的收发、翻堆和倒垛作业中，叉车司机的熟练程度直接影响着任务的完成度和机械设备的利用率、作业时间和作业效率；在作业人员固定的情况下，更决定着人均作业率；而叉、卸货成功率是衡量叉车司机技术熟练程度的主要指标之一。因此，在操作训练中，应注意加强叉车司机叉货和卸货的实际训练。

1. 一次叉货准确率

叉车在正常状态（货叉离地 20～30 cm，门架后倾）下驶近货垛，按叉货程序操作，一次叉取货物位置恰当，没有出现重新调整叉车的位置和货叉的状态等动作情况下，则算一次叉取成功。在规定的时间内叉取一组货物，其叉取成功次数与总叉取次数之比称为一次叉货准确率，用百分数表示，即：

$$C=\frac{m}{M}\times100\%$$

式中：C——一次叉货成功率；

m——在规定时间内叉取成功次数；

M——在规定时间内总叉货次数。

实际考核中，可以连续叉取几组货物，取其成功率的平均值作为一次叉货准确率。

2. 一次卸货成功率

叉车载货在正常状态下，驶近货垛，按卸货程序操作，一次卸货，不重新调整叉车或货叉，不使用横移，货箱位置合适，则算一次卸货成功，否则失败。在任意选取的时间内，叉、卸一组货物，其卸货成功次数与总卸货次数之比称为一次卸货成功率，用百分数表示，即：

$$F=\frac{n}{N}\times 100\%$$

式中：F——一次卸货成功率；

n——在规定时间内卸货成功次数；

N——在规定时间内总卸货次数。

实际考核中，可以连续叉、卸几组货物，取其成功率的平均值作为一次卸货成功率。

3. 一次叉卸货循环时间

叉车从叉取货物开始，经过短距离运输后，卸下货物，再回到原叉货地点，这一过程称为叉车的一次工作循环，一个工作循环所需要的时间，称为一次叉卸货循环时间。

三、叉车工作通道和工作面的确定

叉车在库房或货场内作业时，需要完成叉车行驶、取货、拆码垛等作业，所以必须有便捷的通道。通道宽度主要取决于叉车的货物外形尺寸、转弯半径以及其他因素。

1. 直行通道最小宽度的确定

叉车在直行通道中会车时，其通道宽度取决于所载货物的宽度或两叉车的宽度，如图 4-1 所示。

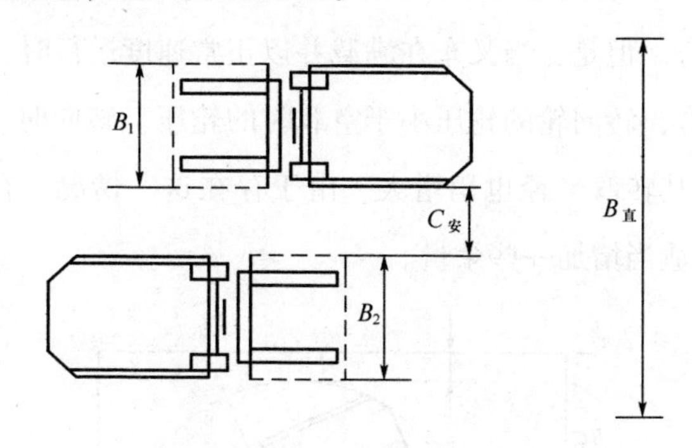

图 4-1　叉车直行通道宽度

$$B_{直}=B_1+B_2+C_{安}$$

式中：$B_{直}$——直行通道最小宽度；

B_1、B_2——两叉车或所载货物的宽度；

$C_{安}$——安全距离，包括叉车与叉车之间、叉车与货垛（或建筑物）之间的距离，一般取 0.5 m。

2. 直角转弯通道最小宽度的确定

如图 4-2 所示为叉车直角转弯的通道，在这种情况下，通道宽度由叉车的转弯半径决定。

$$B_{转}=R-r+C_{安}$$

式中：$B_{转}$——直角通道的最小宽度；

R、r——叉车外侧和内侧的转弯半径；

$C_{安}$——叉车与货垛或建筑物之间的安全距离，一般取 0.2 m。

叉车的转弯半径，一般通过实际试验求得：在平坦而坚实的地面上，叉车于空载状态下，把转向轮转到极限位置，以低速旋转一周（或两周以上），它的最外侧轮廓所描绘的圆周半径，即为外侧转弯半径 R；而在内侧最靠近旋转中心的一点所作圆的半径，即为内侧转弯半径 r。但是，当叉车在满载并以正常速度运行时（此时货物接近于地面），转向轮的轮压小于空载时的轮压。转向时，转向轮向一边滑动，其转弯半径也稍增大。由于存在这一情况，在确定通道宽度时，应适当增加一些余量。

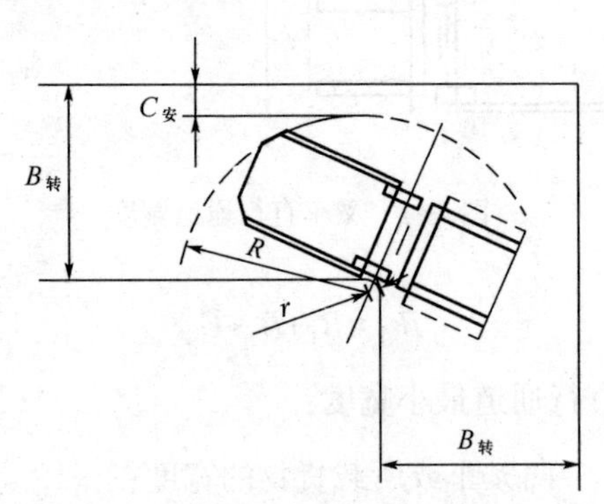

图 4-2　叉车直角转弯通道最小宽度

3. 工作面宽度（直角取货）的确定

如图 4-3 所示，用叉车拆码垛、搬运作业时，工作面的宽度与货物的堆垛形式有关。当采用如图 4-3 所示循环路线时，工作面宽度可以窄一些。这里仅就叉车直角取货来确定工作面宽度。当使用时，可以根据叉车所载货物外形尺寸、转弯半径等，适当增加通道宽度。

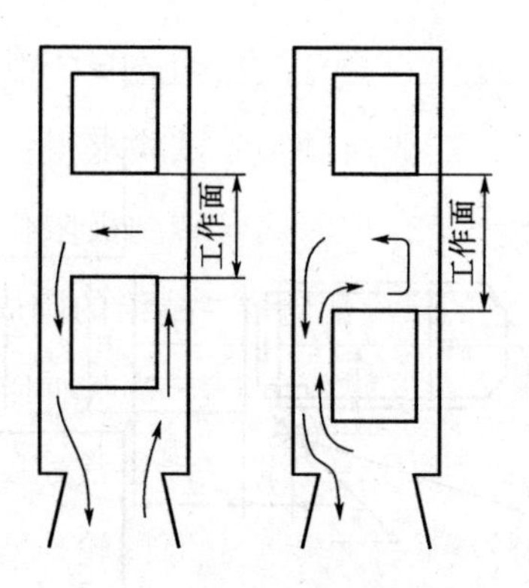

图 4-3　叉车的工作面宽度

（1）当叉车叉卸一般狭小货物时，如图 4-4 所示，当$\frac{m}{2} \leqslant b$时（其中 m——货物的宽度；b——叉车旋转中心到其中心线的距离，即 $b=\frac{B}{2}+r$；B——叉车全宽；r——内侧半径），所需工作面的最小宽度为：

$$B_{取1}=R+D+L+C_{安}$$

式中：$B_{取1}$——叉车所需工作面最小宽度；

R——旋转中心至货物内侧外缘的距离；

D——叉车前轴线到货物后侧距离；

L——货物的长度；

$C_{安}$——安全距离。

（2）当叉车叉卸中等宽度货物时，如图 4-5 所示，当$\frac{m}{2} \leqslant b$时，此时所需工作面的最小宽度为：

$$B_{取2}=R_{外}+R+C_{安}$$

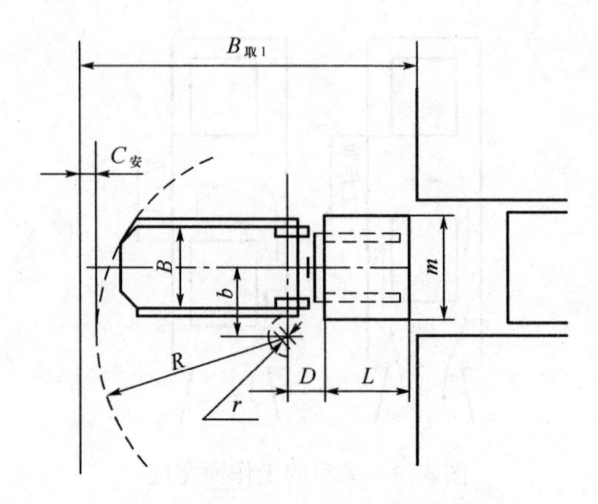

图 4-4　叉车叉卸一般狭小货物

（$B_{取1}$——工作面宽度，$C_{安}$——安全距离）

式中：$B_{取2}$——叉车所需工作面最小宽度；

$R_{外}$——外侧半径；

R——旋转中心至货物内侧外缘的距离，$R=\sqrt{(D+L)^2+\left(\frac{m}{2}-b\right)^2}$；

$C_{安}$——安全距离。

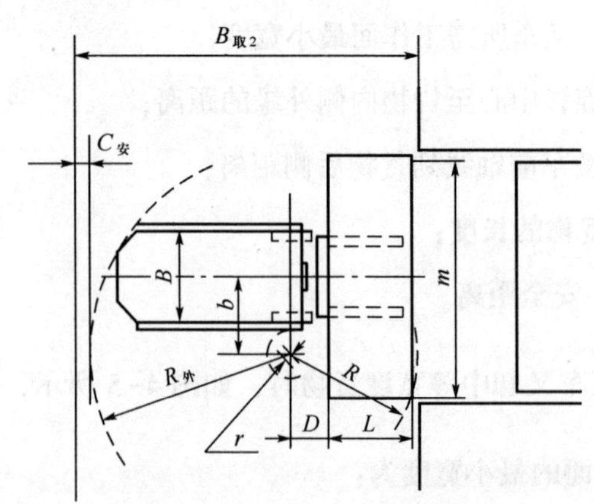

图 4-5　叉车叉卸中等宽度货物

（3）如图 4-6 所示，为了减小通道的宽度，充分利用库房面积，可将通道一边的货堆斜放成 α 角度。叉车取货时，只需 α 角转向。此时所需通道最小宽度为：

$$B' = B\sin\alpha$$

当 $\alpha = 30°$ 时，$B' = \frac{1}{2}B$，通道宽度即可减小一半。

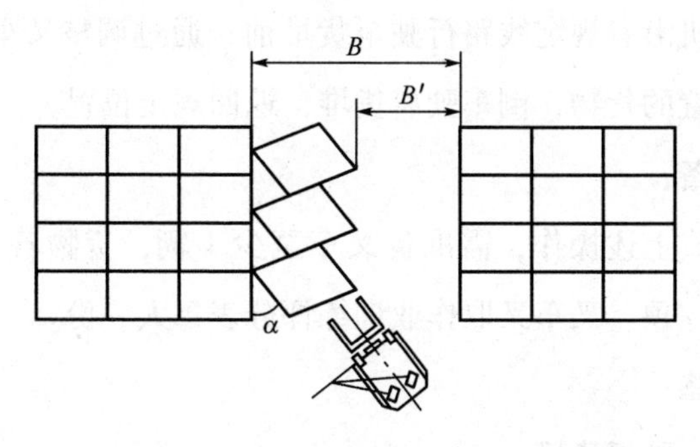

图 4-6　取货不作 90°转向时的通道宽度

四、拆码垛作业

叉车拆码垛作业是指叉取货物和卸下货物，有时还与短途运输结合起来，同时还要求堆码整齐的综合性作业。

1. 叉车拆码垛动作要按取货和卸货程序进行。当动作熟练后，有些动作可以连续进行，不必停车。

2. 在短距离范围内连续作业时，卸货后的最后两个动作，即后倾门架和调整叉高，可视具体情况灵活操作。

3. 叉车在取货后倒出货位或卸货前对准货位，要防止刮碰两侧货垛。

知识巩固

任务 1　叉车叉取作业

任务描述：

叉车司机沿着规定线路行驶至货堆前，通过调整叉车操作装置，叉取规定位置的货物，倒车驶离货堆，返回规定位置。

任务准备：

为了完成上述操作，需准备叉车至少 1 辆，货物若干，托盘若干，安全帽一顶，叉车叉取作业训练评分表每人一份。

任务实施：

步骤一：驶近货垛

叉车起步后，操纵叉车行驶至货垛前面。

步骤二：垂直门架

操纵门架倾斜操纵杆，使门架处于垂直（或货叉平）位置。

步骤三：调整叉高

操纵货叉升降操纵杆，调整货叉高度，使货叉与货物底部空隙同高。

步骤四：进叉取货

操纵叉车缓慢向前，使货叉完全进入货物底下。

步骤五：微提货叉

操纵货叉升降操纵杆，使货物向上起升而使货物离开货垛。

步骤六：后倾门架

操纵门架倾斜操纵杆，使门架后倾，防止叉车在行驶中散落货物。

步骤七：驶离货垛

操纵叉车倒车而离开货位。

步骤八：调整叉高

操纵货叉升降操纵杆，调整货叉的高度，使其距地面一定高度。

任务评分表

姓名________　　　　日期________

训练项目	序号	扣分项目	扣分值	次数	扣分总数
叉车叉取作业（100分）	1	没有按照正确顺序起步、停车	2分		
	2	未戴安全帽	2分		
	3	未系安全带	2分		
	4	撞到货垛	2分		
	5	撞倒货垛	5分		
	6	转向盘操作不当	5分		
	7	未按规定线路行驶	2分		
	8	操作过程中货品掉落	5分		
	9	危险或不规范动作	10分		
训练正常用时			最终得分		

任务2　叉车卸载作业

任务描述：

叉车司机装载货物沿着规定路线行驶至新货位前，通过调整叉车操作装置，把货物按要求放置在规定的位置，倒车驶离货堆，返回规定位置。

任务准备：

为了完成上述操作，需准备叉车至少 1 辆，货物若干，托盘若干，安全帽一顶，叉车卸载作业训练评分表每人一份。

任务实施：

步骤一：驶近货位

叉车叉取货物后行驶到卸货位置，准备卸货。

步骤二：调整叉高

操纵货叉升降操纵杆，使货叉起升（或下降），而超过货垛（或货位）高度。

步骤三：进车对位

操纵叉车继续向前，使货物位于货垛（或货位）的上方，并与之对正。

步骤四：垂直门架

操纵门架操纵杆，使门架向前处于垂直位置。

步骤五：落叉卸货

操纵货叉升降操纵杆，使货叉慢慢下降，将所叉货物放于货垛（或货位）上，并使货叉离开货物底部。

步骤六：退车抽离

叉车起步倒车，慢慢离开货垛。

步骤七：门架后倾

操纵门架向后倾斜。

步骤八：调整叉高

操纵货叉起升或下降至正常高度，驶离货堆。

任务评分表

姓名________________　　　　　　　　日期________________

训练项目	序号	扣分项目	扣分值	次数	扣分总数
叉车卸载作业（100 分）	1	没有按照正确顺序起步、停车	2 分		
	2	未戴安全帽	2 分		
	3	未系安全带	2 分		
	4	撞到货垛	2 分		
	5	撞倒货垛	5 分		
	6	方向盘操作不当	5 分		
	7	未按规定线路行驶	2 分		
	8	操作过程中货品掉落	5 分		
	9	危险或不规范动作	10 分		
训练正常用时			最终得分		

第5单元

叉车维护与故障处理

模块1　叉车的日常维护与保养

一、叉车的维护要求

1. 叉车维护的基本原则

（1）叉车维护的原则主要可以概括为“预防为主、强制维护”。

（2）严格执行技术工艺标准，加强技术检验，实现检测数据化。采用先进的不解体检测技术，完善检测方法，使叉车维护工作科学化、标准化。

（3）叉车维护作业主要包括：清洁、补给、检查、润滑、紧固和调整等。除了主要总成发生故障必须对叉车进行解体外，一般无须对叉车进行解体。

（4）叉车维护作业应严密组织，严格遵守操作规程，广泛采用新技术、新材料、新工艺，及时修复或更换零部件，改善配合状态并延长机件的使用寿命。

（5）在叉车全部维护作业中，要加强科学管理，建立和健全叉车维护的原始记录和统计制度，专人负责，随时掌握叉车的技术状态。通过原始记录和统计资料经常分析，总结经验，发现问题，改进作业内容，不断提高叉车的维护质量。

2. 叉车维护的目的

在运行过程中，由于受到外界条件的影响，叉车各部件容易发生摩擦、振动甚至冲击，或是自然因素导致的侵蚀。这些因素都会导致叉车的技术状况有所下降，从而引发叉车动力性能变差、经济性能降低以及安全性和可靠性降低，严重的还易造成事故。因此，为保证叉车在使用中有良好的技术状态和较长的使用寿命，应建立叉车的维护制度，保证叉车的外观整洁，降低零部件的磨损速度，防止不应有的损坏，主动查明故障和隐患并及时消除。根据叉车零部件磨损的客观规律，制订切实可行的计划，定期进行维护工作。

对叉车进行维护的目的是：

（1）使叉车经常处于完好状态，随时可以出车，提高车辆完好率。

（2）在合理使用的条件下，不会因中途损坏而停歇，也不会因机件损坏而影响行车安全。

（3）结合定期检测，确定维护和小修作业，最大限度地延长整车和各总成的大修间隔里程。

（4）在运行中降低燃料、润滑材料、零部件以及轮胎的消耗。

（5）减少叉车噪声和尾气对环境的污染。

（6）保持整车的清洁，及时发现并消除故障隐患，防止叉车早期损坏。

3. 叉车维护的基本要求

（1）严格遵守维护作业的操作规程，实现安全生产。

（2）要正确使用工具、量具及维护设备。拆装螺栓、螺母时应尽量使用套筒、开口扳手和梅花扳手，扳手的尺寸与螺母、螺栓的规格一致，不应过大；使用活动扳手的方法应正确，不允许用活动扳手代替锤子进行敲打；不允许用钳子代替扳手拆装螺母、螺栓；也不允许用旋具代替錾子或撬杠使用。

（3）主要零件的螺纹部分如有变形或拉长则不可使用。

（4）拆装机件时，应避免其工作表面受损伤。应尽量使用拉、压工具或专用工具进行机件的拆装。禁止使用锤子或冲头直接锤击工作表面，必须锤击时可用木质或橡胶锤子或软金属棒敲击。

（5）对于一些要求保持原配合或运动状态的部位，在分解时应做好记号，以便复位。

（6）拆装轴承应使用专用工具。

（7）所有使用的量具和仪器都必须经过定期检查，合格后方能使用，以保证其精确度和灵敏度。

（8）在装配前应仔细检查零部件的工作表面，如有碰伤、划痕、突出物、麻点等应修整后才能装配。

（9）全部润滑油嘴、油杯等应齐全、有效。所有润滑部位都应按照规定加注润滑油。

4. 叉车的维护项目及内容（见表5–1）

表5–1　叉车的维护项目及内容

项目名称	主要作用	工作内容
日常维护	由每班叉车驾驶员对叉车进行清洗、检查和调试	（1）清洗叉车上的污垢和尘土，重点是货叉架、门架滑道、发电机、起动机、蓄电池电极柱、水箱、空气滤清器 （2）检查叉车各部位的紧固情况，重点是货叉的支撑、起重链拉紧螺钉、车轮螺钉、车轮固定销、制动器、转向器螺钉 （3）检查脚制动器、转向器的可靠性、灵活性 （4）检查渗漏情况，重点是各管接头、柴油箱、机油箱、制动泵、升降液压缸、倾斜液压缸、水箱、水泵、发动机油底壳、液力变矩器、变速器、驱动桥、主减速器、液压转向器、转向液压缸 （5）除去机油滤清器的沉淀物 （6）检查仪表、灯光、蜂鸣器的工作情况 （7）上述内容检查完毕后，启动发动机，检查发动机的运转情况，并检查传动系统、制动系统以及液压升降系统的工作是否正常
一级维护	以清洗、紧固、润滑为中心的定期维护项目	（1）检查气缸压力或真空度；检查并调整气门间隙；检查节温器的工作是否正常 （2）检查多路换向阀、升降油缸、倾斜油缸、转向油缸及齿轮泵的工作是否正常 （3）检查变速器的换挡工作是否正常；检查并调整手、脚制动器的制动片与制动鼓的间隙 （4）更换油底壳内的机油，检查曲轴箱通风软管是否完好，更换机油滤清器和柴油滤清器的滤芯 （5）检查发电机及起动机的安装是否牢固，其各接线头是否清洁、牢固，检查电刷和整流子的磨损情况 （6）检查风扇传动带的松紧程度 （7）检查车轮的安装是否牢固，轮胎的气压是否符合要求，并清除胎面嵌入的杂物 （8）对因维护工作而拆散的零部件，要在其重新装配后进行叉车的路试 （9）检查柴油箱进油口过滤网是否堵塞、破损，并清洗或更换滤网

续表

项目名称	主要作用	工作内容
二级维护	以部件内部调整，排除不良状态及局部修、换零件为主	（1）完成一级技术维护规定项目，并达到技术要求 （2）检查门架机构的门架、叉架、各导轮及侧向导轮并调整间隙；检查链条并调整；检查门架及叉架有无裂缝、开焊与变形；清洗各机件 （3）检查液压系统 1）拆检油泵。当油泵无力、有噪声、过热现象时，应解体检查并排除故障 2）拆检油缸。当油缸无力或漏油严重，应拆检油缸，更换失效的油封，并检查缸体、活塞杆下降限速阀等零件并排除故障 3）拆检多路换向阀。当出现严重外漏、操纵动作异常时应拆检，消除故障并调整压力值 4）清洗油箱，更换液压油，拆检出油口滤网，检查液压油管 （4）检查与调整驱动桥。拆检减速箱及内部斜齿轮组；检查主、被动锥齿轮副的磨损与啮合状况；检查行星齿轮与半轴齿轮组；检查半轴及壳体；更换齿轮油；检查车轮轴承及轮胎 （5）检查制动系统。检查车轮制动器；拆检制动总泵；检查制动油管和接头；检查手制动器 （6）检查转向桥及转向系统。检查车轮轴承和轮胎；拆检转向节轴和转向梁横梁；拆检扇形板和中心轴；拆检纵、横拉杆；拆检转向器；部件检验及调整各部位 （7）检查电气系统。拆检行走电动机、油泵电动机、转向油泵电动机；拆检速度控制器、各开关和电气控制板；检查蓄电池箱 （8）检查车体及其他。检查金属结构件的裂纹、开焊及变形并予以修复；检查座椅连接及包皮；检查配重及其他件连接；油漆全车，重新涂刷标志、车号 （9）有条件的地方，可拆检油泵及多路换向阀；如无条件，严禁分解油泵与多路换向阀

续表

项目名称	主要作用	工作内容
走合维护	新车和大修后的车辆，在规定的作业时间内的使用磨合，称为车辆磨合。凡机械制造厂有磨合期（走合）规定的应执行原厂规定，未有规定者，一般规定50 h为磨合期	（1）清洁全车 （2）检查、紧固全车各总成外部的螺栓螺母、管线接头、卡箍及安全锁止装置 （3）检查轮胎气压和轮毂轴承松紧度和润滑情况 （4）清洗减速箱、驱动桥、转向系、工作装置液压系统，更换润滑油、液压油，清洗各油箱滤网 （5）检查转向系效能和各机件连接情况 （6）检查、调整制动踏板的自由行程和驻车操纵杆行程，检查制动效能 （7）检查工作装置的工作效能 （8）检查起升液压缸、倾斜液压缸、转向液压缸和多路换向阀及油泵的密封、渗漏情况 （9）检查蓄电池电解液液面高度、电解液密度和负荷电压 （10）检查控制装置的工作性能并润滑全车各润滑点
换季维护	在夏秋换季的过程中，叉车要注意保养，尤其是叉车的细节保养	（1）叉车外部的保养。秋季的露水比较多，往往会造成叉车表面潮湿，同时如果车体有明显的刮痕，要及时做喷漆处理，避免有刮痕的部位受潮被锈蚀。由于夏季强烈的太阳光直射，会造成车体漆面氧化，所以在夏秋换季之时，要为叉车做一次全面的清漆、补漆的养护工作 （2）轮胎的保养。由于夏季气温高，容易造成爆胎的危险，要时常检查轮胎的气压，不能让轮胎的气压过高；相反到了秋季，气温温度相对比较低，轮胎就要补充气压，要保持在规定的气压范围之内；由于秋冬季节轮胎容易变硬而显得脆弱，会造成轮胎漏气，甚至会扎胎，所以要经常清理轮胎表面夹杂的杂物 （3）发动机机舱的保养。要定期检查叉车的发动机机舱内的机油、刹车油和防冻液是否充足，是否变质，是否需要更换，一定要保证油液循环的通畅 （4）刹车系统的保养。秋季的昼夜温差大，容易导致叉车车体部位膨胀或收缩变形，要经常检查制动有无变弱、跑偏，制动踏板的蹬踏力度是否有变化，必要时清理整个制动系统的管路

续表

项目名称	主要作用	工作内容
换季维护	在夏秋换季的过程中，叉车要注意保养，尤其是叉车的细节保养	（5）进风口或进风栅的保养。及时检查进风口或者进风栅是否存在杂物。若存在杂物，就使用压缩空气吹走灰尘，在发动机冷却的状态下，可以使用水枪冲洗这些部位 （6）蓄电池的保养。叉车的蓄电池电极接线处是最容易出现问题的地方，要对蓄电池的绿色氧化物进行及时清理，这些绿色氧化物会引起叉车发电机电量不足，甚至会引起电瓶报废 （7）驾驶舱的保养。秋季灰尘多，为了避免灰尘进入精密的部件之中，要及时清理。尤其是在北方使用的叉车的驾驶舱要保持空气的流通，经常开窗 （8）底盘的养护。底盘养护也是叉车保养中不可忽视的细节，要定期检查底盘状态，及时进行维护，还要对叉车的门轴、导轨进行检查，要定期涂上防锈油
封存维护	封存的机械应是出厂未超过五年、连续两年内不使用的机械	（1）封存机械采用集中和分散存放的方法，落实管理单位和人员并登记建账 （2）蓄电池叉车应卸下蓄电池封存。卸下的蓄电池应按规定充、放电，尽量调整使用 （3）机械封存时，按规定维修周期进行维修，保证技术性能良好 （4）封存的机械应在机械库内存放，垫支稳固、摆放整齐，并用塑料棚布罩好 （5）封存的机械每年通电、启动一次，每次不少于1 h （6）封存的机械可根据检测的质量变化情况，适当延长修理维护时间间隔

维护是一项预防性的作业，其主要内容是清洁、检查、紧固、调整、防腐和添加、更换润滑油（脂）等维护与保养工作，见表5-2。

表 5-2 维护作业内容与要求

作业内容	维护与保养要求
清洁工作是提高保养质量、减轻机件磨损和降低燃油、材料消耗的基础，并为检查、紧固、调整和润滑做好准备	车容整洁，发动机及总成部件和随车工具无污垢，各滤清器工作正常，液压油、机油无污染，各管路畅通无阻
检查是通过检视、测量、试验和其他方法来确定各总成、部件技术性能是否正常，工作是否可靠，机件有无变形和损坏，为正确使用、保管和维修提供可靠依据	发动机和各总成、部件状态正常，机件齐全可靠，各连接、紧固件完好
由于叉车运行工作中的颠簸、振动、机件热胀冷缩等原因，各紧固件的紧固程度会发生变化，甚至松动、损坏和丢失	各紧固件必须齐全、无损坏，安装牢靠，紧固程度符合要求
调整工作是恢复叉车良好技术性能和确保正常配合间隙的重要工作。调整工作的质量直接影响叉车的经济性和可靠性。所以，调整工作必须根据实际情况及时进行	熟悉各部件调整的技术要求，按照调整的方法、步骤认真细致地进行调整
润滑工作是延长叉车使用寿命的重要工作，主要包括发动机、齿轮箱、液压缸以及传动部件等	按照不同地区和季节，正常选择润滑剂品种，加注的油品和工具应保持清洁，加油口和油嘴应擦拭干净，加注量应符合要求

二、内燃叉车的维护

1. 日常维护

日常维护保养时由每班驾驶员对叉车进行清洗、检查和调试。它是以清洗和紧固为中心的每日实施项目，是车辆维护的重要基础。日常维护主要包括使用前检查、工作中检查和回库后保养，分步介绍见表 5-3。

表5-3　　　　　　　　日常维护时间与检查项目

检查项目	检查内容
使用前检查	（1）检查燃油、润滑油、液压油和冷却液是否加足 （2）检查全车油、水有无渗漏现象 （3）检查各仪表、信号、照明、开关、按钮及其他附属设备工作情况 （4）检查发动机有无异响，工作是否正常 （5）检查转向、制动、轮胎和牵引装置的技术状况及紧固情况 （6）检查起升机构、倾斜机构、叉架和液压传动系统的技术状况及紧固状况 （7）检查随车工具及附件是否齐全
工作中检查	（1）检查发动机、底盘、工作装置、液压系统、仪表及信号装置的工作情况 （2）检查轮轴、制动鼓、变速器、变矩器、齿轮泵和驱动桥温度是否正常 （3）检查轮胎、转向和制动装置的状态和紧固情况 （4）检查机油、冷却液、液压油的油面高度和温度以及全车油、水有无渗漏现象
回库后保养	（1）清洁车辆 （2）添加燃油，检查润滑油、冷却液、液压油、液力油，北方冬季若未加防冻液或没有暖库应放尽冷却液 （3）检查V带的完好情况和松紧度 （4）检查轮胎气压 （5）检查叉架、起重链拉紧螺栓的紧固情况 （6）检查升降液压缸、倾斜液压缸、转向液压缸和各管接头的渗漏情况 （7）排除工作中发现的故障 （8）检查、整理随车工具及附件 （9）每工作40~50 h应增加下列项目：清洁各空气滤清器；清洁蓄电池外部，检查电解液液面高度和电极柱、连接线的清洁、紧固情况；检查分电器触点，润滑分电器轴和凸轮；检查紧固全车各总成外部易松动的螺栓；对水泵轴承，转向节主销，横、直拉杆球头销，倾斜液压缸横销，三联板中心销，以及起重链条进行润滑和调整

2. 磨合期养护

新出厂或大修后的叉车，在规定时间内的使用磨合，称为叉车磨合期。磨合期内工作的特点：零件加工表面比较粗糙，润滑效能不良，磨损加剧，所以必须按照内燃叉车磨合期的规定进行使用和保养。内燃叉车的磨合期为开始使用的前 50 h。

（1）内燃叉车磨合期的使用规定

1）限载。磨合期内，3 t 内燃叉车起重量不允许超过 600 kg，起升高度一般不超过 2 m。

2）限速。发动机不得高速运转，限速装置不得任意调整或拆除，车速一般保持在 12 km/h 以下。

3）按规定正确选用燃油和润滑油。

4）正确驾驶和操作。要正确启动叉车，发动机预热到 40 ℃以上才能起步；起步要平稳，待温度正常后再换高速挡；适时换挡，避免猛烈撞击；选择平整路面；尽量避免紧急制动；使用过程中密切注意变速器、驱动桥、车轮轮毂、制动鼓的温度；在装卸作业时，严格遵守操作规程。

（2）磨合期维护保养内容（见表 5-4）。

表 5-4　磨合期维护保养内容

分类	特点	内容
磨合期前保养	主要是对叉车进行检查，做好使用前的准备工作	（1）清洁车辆 （2）检查、紧固全车各总成外部的螺栓、螺母、管线接头、卡箍及安全锁止装置 （3）检查全车油、水有无渗漏现象 （4）检查机油、齿轮油、液压油、冷却液液面高度 （5）润滑全车各润滑点 （6）检查轮胎气压和轮毂轴承松紧度 （7）检查转向轮前束、转向角和转向系统各机件的连接情况 （8）检查、调整离合器及制动踏板自由行程和驻车制动器操纵杆行程，检查制动装置的制动效能 （9）检查、调整 V 带松紧度

续表

分类	特点	内容
磨合期前保养	主要是对叉车进行检查，做好使用前的准备工作	（10）检查蓄电池电解液液面高度、密度、负荷电压 （11）检查各仪表、照明、信号、开关按钮及随车附属设备的工作情况 （12）检查液压系统分配阀操纵杆行程及各液压缸行程 （13）检查、调整起重链条的松紧度 （14）检查门架、货叉的工作情况
磨合期中保养	磨合期中保养一般在工作 25 h 后进行	（1）检查、紧固发动机气缸盖和进、排气歧管螺栓、螺母 （2）检查、调整气门间隙 （3）润滑全车各润滑点 （4）更换发动机机油 （5）检查升降液压缸、倾斜液压缸、转向液压缸、分配阀的密封、渗漏情况
磨合期后保养	磨合期后保养一般在工作 50 h 后进行	（1）清洁全车 （2）拆除汽油发动机限速装置 （3）清洗发动机润滑系统，更换发动机机油和机油滤清器滤芯，清洗全车各通气器 （4）清洗变速器、变矩器、驱动桥、转向系统、工作装置液压系统，更换机油、液压油和液力油，清洗各油箱滤网 （5）清洗各空气滤清器 （6）清洗燃油滤清器和汽油泵沉淀杯及滤网，放出燃油箱沉淀物 （7）检查轮毂轴承松紧度和润滑情况 （8）检查、紧固全车各总成外部的螺栓、螺母及安全锁止装置 （9）检查制动效能 （10）检查、调整 V 带松紧度 （11）检查蓄电池电解液液面高度、密度和负荷电压 （12）检查工作装置的工作性能 （13）润滑全车各润滑点

三、电动叉车的维护

1. 日常维护

日常维护电动叉车时，以清洁全车外表、润滑和检查车辆外部为主。具体维护内容如下：

（1）清除门架、叉架、液压缸、前桥、车身、后桥和各可见部位表面的积尘、杂物、油垢。

（2）按润滑表的要求，对各规定部位进行润滑。

（3）检查门架、叉架的导轮、链条，门架、货叉、液压缸的铰接销、护架，各润滑点油嘴、油堵、油盖，各紧固件是否正常、齐全。

（4）检查电气系统的电线与插头、熔断器、开关、照明灯、蜂鸣器与按钮、仪表、操纵多路换向阀、控制电路、蓄电池、控制装置等是否符合规定。

（5）检查液压系统的多路换向阀，使空载门架升、降、前后倾达到极限位置，叉起额定载荷以进一步试验，检验液压转向装置是否可靠。

（6）检查行走机构的轮胎、驱动桥、转向系统性能和制动系统性能。

（7）进一步检查与排除故障。

2. 磨合期维护

新车和大修后的车辆，在规定的作业时间内的使用磨合，称为车辆磨合。车辆磨合期的磨合特点：零件加工表面比较粗糙，各配合件表面摩擦剧烈，磨落的金属屑较多，配合间隙变化较快，润滑效能不好，紧固件易松动等。如不及时调整，采取磨合维护措施，会严重影响使用寿命和工作性能。因此，要按照叉车磨合的规定进行使用与维护。

车辆磨合期的规定：凡机械制造厂有磨合期（走合）规定的应执行原厂规定，未经规定者，一般规定 50 h 为磨合期。

走合（磨合）期维护具体内容如下：

（1）清洁全车。

（2）检查、紧固全车各总成外部的螺栓螺母、管路接头、卡箍及安全锁止装置。

（3）检查轮胎气压和轮毂轴承松紧度和润滑情况。

（4）清洗减速箱、驱动桥、转向系、工作装置液压系统，更换润滑油、液压油，清洗各油箱滤网。

（5）检查转向系效能和各机件连接情况。

（6）检查、调整制动踏板的自由行程和驻车制动操纵杆行程，检查制动效能。

（7）检查工作装置的工作效能。

（8）检查起升液压缸、倾斜液压缸、转向液压缸和多路换向阀及油泵的密封、渗漏情况。

（9）检查蓄电池电解液液面高度、电解液密度和负荷电压。

（10）检查控制装置的工作性能并润滑全车各润滑点。

3. 蓄电池的日常维护保养

（1）蓄电池的充电常识。蓄电池的使用时间是有限的，要保证蓄电池车辆的正常运转，就必须定时充电。蓄电池内电量充足，才能保证直流电动机的正常运转。除了初次充电有特殊要求以外，蓄电池叉车在每天使用过后就需要对蓄电池进行充电。使用充电机应做好充电记录，要注意安全用电，防止触电事故。

蓄电池充电分为初次充电和经常充电两种：初次充电也就是新电池注入电解液后的第一次充电，经常充电是初次充电之后的每次充电。

蓄电池充电顺序为：

1）新蓄电池开箱后，先擦净表面，然后检查电池槽、电池盖是否在运输中受到损伤；各零件是否完整；封口剂是否有裂纹。如有问题，应在注入电解液之前处理好。

2）把各个蓄电池的工作栓（帽盖）旋下，仔细检查泄气孔是否通畅，如有蜡封闭的应使用细针将其刺穿。在旋下工作栓时，可看到电池盖的注液孔中有一层封闭薄膜或软胶片，需把薄膜弄破或把软橡胶取出。

3）已配制好的密度为 1.250 ± 0.005 g/cm^3（20 ℃时）的电解液，温度控制在 30 ℃左右才能注入蓄电池内，注入量以液面高于多孔保护板 15~20 mm 为宜。蓄电池内部电解液与极板间发生化学反应会产生很多热量，必须静置 6~10 h，待温度下降到 30 ℃左右后，方可进行充电。

4）在开始充电之前，必须对充电设备、变阻器及仪表等进行一次全面的检查，若失灵或有故障，应在充电前排除。

5）充电为直流电源，用直流发电机、挂整流器均可，最好能装置逆流保护装置。整流器的输出功率、电压应高于蓄电池组串联电压的 50%，电流应小于 5 h 放电率容量的 15%。

6）蓄电池在充电时，内部有大量气体产生，因此需要把工作栓打开，这样便于将充电时产生的气体排出，否则电池槽有爆破的危险。

7）当初次充电完成后，静置片刻把工作栓旋上，然后用清水将蓄电池外表的电解液冲洗干净。特别要将接线柱和连接线部分，如螺栓、铜接头等，洗刷清洁并擦干，然后涂上一层凡士林油膏，这样可以防止铜铁等金属材料的腐蚀。

（2）铅酸蓄电池的日常维护和保养要求。由于蓄电池装在车辆上经常移动，并且具有体积小、重量轻、耐震、耐冻和瞬时放电电流大等特点，所以在日常维护保养方面还有一些不同的要求：

1）电池在使用过程中，必须保持清洁。在充电完毕并旋上注液胶塞后，可用浸有苏打水的抹布或棉纱擦去电池外壳、盖子和连接条上的电解液和灰尘。

2）极柱、夹头和铁质提手等零件表面应经常保持有一层薄凡士林油膜。必须及时刮除发现的氧化物，并涂凡士林以防腐蚀。接线夹头和电池极柱必须保持紧密接触，必须要拧紧线夹的螺母。

3）注液孔上的胶塞必须旋紧，以免车辆在行驶过程中因振动使电解液溅出。胶塞上的透气孔必须保持畅通，否则电池内部的压力增高将导致胶壳破裂或胶盖上升。

4）电解液应高于多孔保护板10~20 mm，每天使用后要进行检查，发现液面低于要求高度时，只能加入纯水（或蒸馏水），不能加硫酸。如果不小心将电解液溅出而降低了液面高度，则必须加进和电池中同样比例的电解液，不能加入密度过低的电解液。

5）电池电解液的密度如果降低至规定值以下或已放电的电池，必须立即充电，不能久置，以免极板发生硫酸化。应当每月检查电池的放电程序，适当补充充电一次。

6）电池上不可放置任何金属体，以免发生短路。不要将导线直接放在极柱上方检查电池是否有电，这样会产生过大放电电流，损失电池容量，可用电压表或电灯泡检查电池是否有电。

7）凡有活接头的地方，在充放电时，均应保持接触良好，以免因产生火花使电池爆炸。

8）搬运电池时不要在地上拖曳。

9）对停放不用且时间短于一个月的车辆，应检查电池是否充电，并将电池接线拆开一根，以防止漏电。

10）严禁用河水或井水配置电解液，蓄电池在充电过程中，有氢气和氧气外溢，因此严禁烟火接近蓄电池，以免发生爆炸事故。

11）蓄电池充电后一般密度范围控制在1.28 g/cm^{3}左右。

(3) 电动叉车电池保养常见问题及解决方案

一般企业没有按照标准对电动叉车蓄电池进行保养，没有安排专职人员维护电池，平时只能上班时补充一次蒸馏水。正在运转的叉车不能一一打开检查，一般情况下无法实现每隔几小时检查一下电解液的情况。对每组电池、新电池初充、阶段性补充充电、去硫充电、锻炼循环充电和均衡充电以及电解液密度检测等专业保养更难以实现。以上情况容易引发如下问题。

1）电解液补充情况不合理。目前普遍存在的问题主要是蒸馏水添加过多或过少的情况，补水的正确与否对电池的使用寿命和效能会产生重要影响，并且可减少或降低硫酸盐化。

注意事项：在正常使用时，一个充放电周期内，一个单元电池的水分损失约4 mL/(100 A · h) 的水量，如一个210 A · h的单元电池大约需要补充 8.4 mL 的纯水。

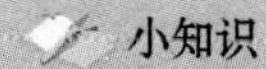

小知识

正确的补水必须在电池充满电后1~2 h内进行，应形成良性循环，做到下次使用前补水。在电池使用之后，测量液位（以防溅板为基准），确认在上个充放电周期内电池极板没有外露。补水后液位应高于防溅板5~10 mm，但不宜过高，以防溅板为基准。

补水后，电解液的液位不可超出防溅板 10 mm。原因是液位过高，电解液接触到电池极板连接的铝排，会形成电解液的离子污染，从而造成电池组放电加快，损害电池容量和使用寿命。液位过高在电化学反应时会引起电解液飞溅溢出，导致电解液浓度降低，从而降低电池容量和电池电压。飞溅出的电解液具有一定的腐蚀性，易对车体和电池造成腐蚀。

如电解液液面低于标准液位，则在电池使用时，电池极板上端部分会露出电解液外，这样就减少了电池极板参与电化学反应的面积，从而降低电池的容量。负极板接触空气转化为氧化铅，进一步变为硫酸铅，这种情况下更容易发生结晶硫化。

2）电池清洁不到位，没有专人每日清洁，补水过程不合理，不能做到少量多次补水，这样经常会造成一次补水过满，在充电过程中造成电解液飞溅溢出，形成电解液的离子污染。另外，仓库搬运货物频繁，环境的灰尘浓度也会变得很高。

3）电解液杂质。工作环境灰尘较多，因此不断会有灰尘落到电解液中，而且一般充电时气盖是敞开的，时间久了进入电解液的落尘量足以影响到电池的使用寿命。建议充电过程中电池气盖处于微启状态，这样既不影响充电过程排气，又可减少落尘量。

4）气盖的清洁及极柱连接缺少维护。电池的液孔塞或气盖应保持清洁，充电时取下或打开，充电完毕应装上或闭合，连接线及螺栓应保持清洁、干燥。

5）存放环境有待改进。电池应尽可能安装在清洁无尘、阴凉干燥、通风、周围温度为10～30 ℃的环境中，避免遭受光照、加热器或其他辐射热源的影响。

小知识

正确的清洁方法：每天检查电池表面，保证电池表面清洁无尘。蓄电池表面的脏污将引起漏电，表面经常累积结晶的硫酸铅而不去清理甚至会造成短路，大大缩短电池使用寿命。如需擦拭表面灰尘，必须使用湿抹布，切勿用干布擦拭电池表面，以免产生静电。电池表面较脏，可将蓄电池卸下，用水冲洗后自然晾干。因为电池箱底部有开孔，冲洗水流会自行流出，要注意补液盖应盖好，谨防有水流入电解液中。

6）无定期均衡充电保养问题。电池在使用中，往往会出现电压、密度及容量不均衡现象。均衡充电使各电池在使用中都能达到均衡一致的状态。电池在使用时每月应进行一次均衡充电。

均衡充电方法：先将电池进行普通充电，待充电完毕静置1 h，再用初充电第二阶段电流的50%继续充电，直到产生剧烈气泡时停充1 h。如此反复数次，直至电压、密度保持不变，于间歇后再进行充电便立即产生剧烈气泡为止。在均衡充电中，对每只电池的电压、密度及温度都应进行测量并记录，充电完毕前，应将电解液的密度及液面高度调整到规定值。

模块2　叉车故障判断与处理

叉车是生产中常用的搬运车辆之一，广泛应用于港口、车站、机场、货场、工厂车间、仓库、流通中心和配送中心等，并可进入船舱、车厢和集装箱内进行托盘货物的装卸、搬运作业，是托盘运输、集装箱运输中必不可少的设备。但在实际使用过程中，总会出现或大或小的问题，这样会影响叉车的作业效率，严重的将会造成操作事故。如何尽量避免叉车各种故障的出现，杜绝事故隐患，是叉车驾驶员及维修人员比较关心的问题。

一、预防叉车出现故障遵循的原则

1. 合理使用叉车，避免产生人为故障。在叉车使用、养护和维修过程中注意它的科学性和合理性，做到科学地使用叉车，合理地养护和维修叉车，以保证叉车处于良好的技术状态并延长各部机件的使用寿命，避免早期损坏和出现故障，这是至关重要的。实践表明，叉车的不当使用是导致叉车故障的主要原因。

2. 及时排除发现的故障隐患，避免因自然磨损、疲劳损伤、老化变质等原因造成叉车故障。

3. 适时更换叉车零部件，可将故障隐患消灭在萌芽状态。适时换件，就是根据叉车各部机件的使用寿命和使用中的实际情况，采取措施，适时并恰当地更换机件，以消除故障隐患，这是叉车部件使用寿命追踪预防法。

4. 加强叉车的日常养护工作，做好清洁、润滑、紧固、检查、调整和防腐工作，防患于未然。

二、内燃叉车的故障判断与处理

1. 诊断与排除发动机不正常烟色（见表 5–5）

表 5–5　　诊断与排除发动机不正常烟色

故障现象	故障特征	故障原因	诊断措施
发动机排气管冒黑烟	柴油未完全燃烧而产生的黑色炭粒混在废气中	发动机负荷过大	减轻负荷，不使发动机长时间超负荷工作
		空气滤清器堵塞，进气量少，氧气供应不足	对进气系统和滤清器进行保养，更换滤芯
		喷油器雾化不良，喷油压力过低或有严重的漏油现象	调整和更换喷油器
		供油提前角太小致使供油过晚	按规定调整供油提前角
		喷油泵供油太多	调整喷油泵
发动机排气管冒蓝烟	燃烧室内进入过量的机油	机油过多	排放出油底壳中多余的机油，使油面保持合适的高度
		油环刮油作用失效	清洗或更换油环，重新安装活塞环
		活塞与缸套配合副磨损严重	更换活塞和缸套
		油浴式空气滤清器盛油过多	倒出空气滤清器底壳中多余的机油

续表

故障现象	故障特征	故障原因	诊断措施
发动机排气管冒白烟	这是一种常见现象。第一种情况是气温较低时，刚起动的发动机转速低，易于排放白烟（主要是水汽），当转速正常时会逐渐消除，此种情况不属于故障。第二种情况是由于冷却水道及密封部件的损坏，造成冷却水窜入燃油供给系（或油底壳），然后到达燃烧室，同废气一起排出，形成白色烟雾。第三种情况是产生了既没燃烧又没汽化的小颗粒的雾化柴油	气缸盖螺母松动，气缸垫损坏	更换已损坏部件，按规定拧紧气缸盖螺母
		气缸盖、气缸套、气缸体出现裂纹等，使冷却水窜入气缸	检查渗漏处，更换已损坏部件
		柴油中含水	更换合格的柴油
		供油提前角不准确	调整供油提前角
		气门间隙不准	调整气门间隙
		喷油器、喷油泵偶件磨损严重	对喷油泵、喷油器偶件进行研磨、选配或更换
		气缸压缩压力不足（气门与气门座、活塞环，活塞与气缸套的配合副或气缸垫漏气）	检查诊断维修

2. 诊断与排除发动机异响

这是由于不正常燃烧爆发而产生的敲击声或不正常的运转而产生的撞击。

（1）若因喷油时间过早，发动机工作粗暴引起敲缸，则增减喷油泵垫片，调整供油时间。

（2）若因喷油时间过晚，过迟燃烧会引起排气管的放炮声，则增减喷油泵垫片，调整供油时间。

（3）若因喷油器滴油，响声无一定规律，有时出现敲击声，有时出现放炮声，则清洗、研磨或更换新件。

（4）若因气门间隙太大或太小引起的，则检查调整间隙。

（5）若因活塞环侧向间隙过大引起的，则需更换新件。

（6）若因连杆铜套间隙过大引起的，则检查连杆与铜套配合副或更换新件。

（7）若因轴瓦间隙过大引起的，则检查曲轴与轴瓦配合副或更换新件。

（8）若因活塞与气缸套间隙过大引起的，则检查活塞与气缸套配合副或更换新件。

（9）若因平衡轴轴承松动引起的，则检查平衡轴与轴瓦配合副或更换新件。

（10）若因齿轮啮合间隙过大引起的，则调整配合间隙或更换新件。

（11）其他偶发原因。

3. 诊断与排除发动机起动困难（见表5–6）

表5–6　　诊断与排除发动机起动困难

故障现象	故障特征	故障原因	诊断措施
发动机冬季起动困难	发动机的起动不仅取决于本身的技术状况，还受外界气温的影响	冬季气候寒冷，环境温度低，机油黏度增大，各运动机件的摩擦阻力增加，使起动转速降低，难以起动	要有足够的起动转速。起动转速高，气缸内的气体渗漏量少，压缩空气向气缸壁传热的时间短，热量损失少，使压缩终了时的气体温度和压力得以提高。一般要求转速在100 r/min以上
		蓄电池容量随温度下降而减少，使起动转速进一步降低	蓄电池要有足够的起动电容量，且起动电路的技术状况良好

续表

故障现象	故障特征	故障原因	诊断措施
发动机冬季起动困难	发动机的起动不仅取决于本身的技术状况，还受外界气温的影响	由于起动转速降低，压缩空气渗漏增多，气缸壁散热量增大，致使压缩终了时空气的温度和压力大为降低，使柴油发火的延迟期增长，严重时甚至不能燃烧	气缸的密封性要好。这可进一步减少漏气量，保证压缩终了时气体有足够的燃烧温度和压力，气缸的压缩压力不得低于标准值的 80%
		低温下的柴油黏度增加，使喷射速度降低，加上空气在压缩终了时的旋流速度、温度和压力都比较低，使得喷入气缸的柴油雾化质量变差，难以与空气迅速形成良好的可燃混合气并及时发火燃烧，甚至不能着火，导致起动困难	起动油量符合规定，喷射质量良好，且喷油提前角要符合要求，使用符合要求的燃料
发动机起动时曲轴不能转动	发动机起动时，在起动系统完好的情况下，若变速器置于空挡位置，按起动开关，起动机有响声而曲轴不能转动，则属于机械故障	起动机驱动齿轮与飞轮齿啮合不良。齿圈与起动机齿轮在起动发动机时会发生撞击，造成轮齿损坏或轮齿单面磨损。若轮齿连续三个以上损坏或磨损严重，起动机齿轮与齿圈齿便难以啮合	若飞轮有连续 3 个以上轮齿损坏，且与起动机驱动齿轮正好相对，就会导致飞轮轮齿与起动机驱动齿轮不能啮合。在这种状态下，只需用撬棒将飞轮撬转一个角度，再按起动按钮便可顺利起动。对于损坏的飞轮齿圈，一般可采用焊接修复

续表

故障现象	故障特征	故障原因	诊断措施
发动机起动时曲轴不能转动	发动机起动时，在起动系统完好的情况下，若变速器置于空挡位置，按起动开关，起动机有响声而曲轴不能转动，则属于机械故障	黏缸。发动机温度过高时停车熄火，热量难以散出，高温下的活塞环与气缸粘连，冷却后无法起动	齿圈松动时可从飞轮壳起动机安装口处确认。若齿圈松动，则须更换新件。在安装新件时，应先将齿圈放在加热箱中加热，而后趁热压在飞轮上，冷却后即可将其紧固于飞轮上
		曲轴抱死。由于润滑系故障或缺机油造成滑动轴承干摩擦，以致最终抱死曲轴而无法起动	机齿单边磨损严重时，可将齿圈压下，前后端翻转后再装在飞轮上使用
		喷油泵柱塞卡死	可先检查离合器有无破损卡滞，再检查喷油泵柱塞是否卡滞和发动机内部有无异物等
发动机可以转动，但不能起动（排气管中无烟）	起动发动机时，排气管无烟排出，也无爆炸声，一般是由于柴油没有进缸	油箱中无油	检查油箱内是否有油，油箱开关是否打开
		燃油滤清器、油水分离器堵塞	检查燃油滤清器和油水分离器是否堵塞
		低压油路不供油	检查喷油泵操纵拉杆和驱动连接盘的紧固螺栓是否脱落
		喷油泵不工作	起动机带发动机转动，检查输油泵是否泵油
		油路中有空气	检查喷油管是否漏气或堵塞

续表

故障现象	故障特征	故障原因	诊断措施
发动机可以转动，但不能起动（排气管中无烟）	起动发动机时，排气管无烟排出，也无爆炸声，一般是由于柴油没有进缸	配气相位失准。气门的打开时刻与活塞在气缸中的行程不协调。如活塞在气缸中作压缩行程时，进、排气门打开，新鲜空气被赶出气缸，以致气缸中没有燃烧气体，无法起动	检查配气相位是否准确，若未对正，应进行调整
		VE喷油泵电磁阀损坏，处于关闭状态，柴油不能进入高压腔	对于装VE泵的发动机来说，检查断油电磁阀和控制电路是否有故障。当确认断油电磁阀损坏，又不能立即找到新电磁阀更换时，可采用拆下电磁阀，取出柱塞阀和弹簧后原样装复，并对电磁阀采取断电处理的应急措施（此法不能进行电熄火，可以手动熄火）

三、电动叉车的故障判断与处理

电动叉车是以蓄电池或交流电为动力的车辆。其中以蓄电池为动力的叉车被称为蓄电池叉车（或电瓶叉车），以交流电为动力的叉车被称为交流电叉车。

与内燃车叉车相比，电动叉车具有结构简单、操作方便、起步平稳、污染小、噪声小的特点。其不足之处是受蓄电池容量的限制，驱动功率和起重量都较小，作业速度低，对操作的路面情况要求高，需要配备专门的充电装置。

随着科技的不断发展，目前在电动叉车上普遍采用高能量、长寿命、易充电的蓄电池，并大量采用微电子技术，实现较全面的自调速、自诊断和自保护功能，使电动叉车无论是作业效率、可靠性能，或是耐久性、节能效能都得到了显著提高。在上述发展因素的促进下，室外作业场合也越来越多地采用电动叉车和其他电动工业车辆。电动叉车将成为未来工业车辆发展的重点，也是未来物流业发展不可或缺的搬运车辆，具有十分广阔的市场发展潜力。

根据多年来对电动叉车的跟踪服务及用户反映的情况来看，电动叉车的自燃故障率较低，且一般情况下的维修、排除故障都较简单。据统计分析，各类故障所占比例及主要原因见表5–7。

表5–7　　电动叉车常见故障及原因

分类	故障比例	主要原因
机械故障	纯机械故障占20% 液压系统故障占60% 其他故障占20%	渗漏、控制阀堵塞、液压油不纯等
电气故障	电极故障占2% 控制板卡故障占3% 接触器板故障占5% 仪表盘故障占3% 起升开关故障占10% 加速器故障占2% 蓄电池组及连线故障占60% 灯光、声响故障占10% 接插件及其他故障占5%	使用、维护、保养不当

由于控制卡具有故障自诊断能力，因而一般电气方面的故障均

可由仪表盘上的仪表用代码的形式显示出来。维修人员根据仪表盘所显示的代码查故障代码表，根据代码表提供的检修路径进行修理，一般故障均可排除解决。

电动叉车发生故障时，如果确认不是接线错误或车辆接线故障，可以尝试通过车辆钥匙开关重新启动。如果故障仍然存在，请关闭钥匙开关，检查 35 针的接插件是否连接正确或存在污损，修复并清洁后，重新连接，再尝试启动。表 5-8 为电动叉车故障代码分析表，仅供参考。

表 5-8　　电动叉车故障代码分析表

编程器代码	编程器显示内容	故障表现	可能的故障原因	深层故障原因/解决
12	控制器电流过载	电动机停止工作 主连接器断开 电磁刹车断开 加速器失效 刹车、泵停止工作	（1）电动机外部 U、V 或 W 连线短路 （2）电动机参数不匹配 （3）控制器故障	原因：相位电流超过了限定电流 解决：重启钥匙开关
13	电流传感器故障	电动机停止工作 主连接器断开 电磁刹车断开 加速器失效 刹车、泵停止工作	（1）电动机 U、V、W 通过定子对车体短路，导致漏电 （2）控制器故障	原因：控制器电流传感器读数偏差 解决：重启钥匙开关
14	预充电失败	电动机停止工作 主连接器断开 电磁刹车断开 加速器失效 刹车、泵停止工作	电容器正端外接负载，使得电容器不能正常充电	原因：钥匙开关输入电压对电容器充电失败 解决：通过 VCL 函数 precharge 重新设置或者互锁开关重新输入

续表

编程器代码	编程器显示内容	故障表现	可能的故障原因	深层故障原因/解决
15	控制器温度过低	电动机停止工作 主连接器断开 电磁刹车断开 加速器失效 刹车、泵停止工作	控制器工作环境过于严酷	原因：散热器温度低于-40 ℃ 解决：温度升至-40 ℃以上。重新启动钥匙开关或互锁开关
16	控制器温度过高	电动机停止工作 主连接器断开 电磁刹车断开 加速器失效 刹车、泵停止工作	（1）控制器工作环境过于严酷 （2）车辆超载 （3）控制器安装错误	原因：散热器温度高于95 ℃ 解决：降低温度至95 ℃以下。重新启动钥匙开关或互锁开关
17	电压过低	驱动力矩降低	（1）电池参数设置错误 （2）非控制器系统耗电 （3）电池阻抗过大 （4）电池连接断开 （5）熔断器断开，或主接触器未连接	原因：MOSFEET桥工作时电容电压低于最低限压设置 解决：将电容端电压升高到高于最低电压限制值
18	电压过高	电动机停止工作 主连接器断开 电磁刹车断开 加速器失效 刹车、泵停止工作	（1）电池参数设置错误 （2）电池阻抗过高 （3）再生制动时电池连接断开	原因：MOSFEET桥工作时电容电压超过了最高限压设置 解决：降低电压然后重启钥匙开关
19	控制器温度过低导致性能削减	电动机停止工作 主连接器断开 电磁刹车断开 加速器失效 刹车、泵停止工作	（1）控制器在受限条件下工作 （2）控制器工作环境严酷	原因：散热器温度低于-25 ℃ 解决：使散热器温度高于-25 ℃

续表

编程器代码	编程器显示内容	故障表现	可能的故障原因	深层故障原因/解决
20	控制器温度过高导致性能削减	驱动以及再生制动力矩降低	（1）控制器工作环境过于严酷 （2）车辆超载 （3）控制器安装不正确	原因：散热器温度超过 85 ℃ 解决：降低温度
21	电压过低、性能削减	驱动力矩降低	（1）电池电量不足 （2）电池参数设置错误 （3）非控制器系统耗尽电量 （4）电池阻抗过大 （5）电池连接断开 （6）熔断器断开或主接触器断开	原因：电容电压过低 解决：将电容端电压升高到高于最低电压限制值

注意事项：电动叉车的控制器严禁进水，严禁带电插拔，严禁极性反接，严禁电机短路。

从表 5-7 中可以看出，电动叉车蓄电池的故障率较高。

1. 蓄电池常见故障（见表 5-9）

为了使蓄电池经常处于完好状态，延长其使用寿命，在蓄电池使用中应特别注意以下几个方面：

（1）拆装、搬运蓄电池时应注意防震，电池在车上应固定牢固、可靠。

（2）加注的电解液应纯净。为防止灰尘进入电池内部，需经常擦除电池表面的灰尘脏污，保持加液口通气孔畅通。

（3）及时清除导线接头及极柱上的腐蚀物，并紧固接头。

（4）定期检查电解液密度和液面高度。

（5）经常检查蓄电池的放电程度，夏季放电不超过50%，冬季放电不超过25%；否则，应及时进行补充充电。

表5-9　　蓄电池常见故障诊断与排除

故障现象	故障特征	故障原因	诊断措施
容量降低	达不到额定容量或容量不足	使用后充电不足或补充电不足	均衡充电并改进运行方法
		电解液密度低	调整电解液密度
		外接线路不通畅，电阻较大	理顺外接电路，减小电阻
	容量逐渐降低	极板严重硫酸盐化	反复充电，消除极板硫酸盐化
		电解液不清洁，有杂质	更换电解液
		电池局部短路	及时维修或更换
	容量突然降低	电池内部或外部短路	检查原因，并排除
电压异常	电池充电时电压偏高，在放电时电压降低很快	极板硫酸盐化	消除极板硫酸盐化
	电池在使用中，开路电压明显降低	反极或短路	检查单体电池电流电压
冒气异常	蓄电池充电末期不冒气或冒气少	充电电流过小或蓄电池充电不足	调整充电电流，继续充电
	蓄电池充电后不冒气	蓄电池内部短路	检查并排除
	蓄电池在充电中冒气太早，并有大量气泡	极板硫酸盐化	消除极板硫酸盐化
	蓄电池放置或在放电过程中冒气	充电后立即放电或电解液中有杂质	搁置1 h左右放电或更换电解液
电解液温度高	正常充电时，液体温度升高异常	充电时电流过大或内部短路	调整充电电流或排除短路
	个别电池温度比较高	极板硫酸盐化	消除极板硫酸盐化

续表

故障现象	故障特征	故障原因	诊断措施
电解液密度和颜色异常	蓄电池在充电中密度上升或不变	极板硫酸盐化	消除极板硫酸盐化
	蓄电池充放电以后，搁置期间密度下降大	蓄电池自放电严重	更换电解液
	电解液颜色、气味不正常，并有浑浊沉淀	电解液不纯，活性物质脱落	更换电解液并冲洗电池内部

2. 直流电动机的故障（见表 5-10）

电动机发生故障后能否及时排除，对电动叉车的安全作业和提高工作效率都是十分重要的。为了能够达到迅速排除故障的目的，应对电动机下列情况有所掌握。

（1）运行状态。

表 5-10　　直流电动机的故障诊断

故障现象	故障判断
电动机不能转动	（1）电源不足、电压不足或电源没有接通 （2）电刷与换向器间接触不良 （3）电刷和换向器不接触 （4）电枢绕组、励磁绕组有短路或接地处 （5）励磁绕组接线错误，磁极极性不正确 （6）轴承太紧，使电枢被卡住或负载过大
电刷产生火花，换向器与电刷摩擦剧烈且严重发热	（1）电刷位置不正确 （2）电刷与换向器之间接触不良 （3）电刷的牌号和尺寸不合适 （4）电刷弹簧的压力过小或过大 （5）换向器表面粗糙不平，换向器片间的云母突出 （6）电枢绕组有局部短路或有接地故障 （7）换向器片间短路或换向器接地

续表

故障现象	故障判断
电刷发出异响	（1）电刷弹簧压力过大 （2）电刷质地过硬 （3）换向器片间云母突出 （4）电刷尺寸不符
电动机绕组和铁芯温度过高	（1）电动机过载 （2）外加电压过高或过低 （3）电动机绕组有短路或接地处 （4）通风散热条件不好 （5）电动机直接起动或反转过于频繁 （6）定子与转子铁芯摩擦，轴承损坏
电动机内部有火花或冒烟	（1）电刷下火花过大 （2）电枢绕组、励磁绕组短路或接地 （3）换向器凸耳之间及电枢线圈各元件之间充满电刷粉末和油污，引起燃烧 （4）电动机长期过载
铜片全部发黑	电刷压力不合适
换向片按一定顺序成组发黑	（1）换向片片间短路 （2）电枢线圈短路 （3）换向片与电枢线圈焊接不良或短路
换向片发黑，但无一定规则	换向器中心线位移或换向器表面不平、不圆

（2）使用情况，如工作环境、运行方式、载荷性质、电源电压等。

（3）轴承的润滑和运行情况。

（4）机件磨损情况。

（5）通风情况。

（6）定子与转子间的气隙大小。

（7）相互间的接触、清洁卫生及损伤情况。

（8）转子、定子铁芯有否变形、松动和损伤等。

直流电动机的故障可分为电气故障和机械故障两个方面。电气故障多发生在绕组、换向器和电刷等部位，机械故障则主要发生在轴承部位。

知识巩固

一、系统维护

1. 液压系统管路接头牢靠、无渗漏，与其他机件不磨碰，橡胶软管不得有老化、变质现象。

2. 液压系统中的传动部件在额定载荷、额定速度范围内不应出现爬行、停滞和明显的冲动现象。

3. 多路换向阀壳体无裂纹、渗漏；工作性能应良好可靠；安全阀动作灵敏，在超载25%时应能全开，调整螺栓的螺母应齐全坚固。操作手柄定位准确、可靠，不得因震动而移位。

4. 载荷曲线、液压系统铭牌应齐全清晰。

二、装置维护

1. 门架不得有变形和焊缝脱焊现象，内外门架的滚动间隙应调整合理，不得大于1.5 mm，滚轮转动应灵活，滚轮及轴应无裂纹、缺陷。轮槽磨损量不得大于原尺寸的10%。

2. 两根起重链条张紧度应均匀，不得扭曲变形，端部连接牢靠，链条的节距不得超出原长度的4%，否则应更换链条。链轮转动应灵活。

3. 货叉架不得有严重变形、焊缝脱焊现象。货叉表面不得有裂纹、焊缝开焊现象。货叉根角不得大于 93°，厚度不得低于原尺寸的 90%。左、右货叉尖的高度差不得超过货叉水平段长度的 3%。货叉定位应可靠，货叉挂钩的支承面、定位面不得有明显缺陷，货叉与货叉架的配合间隙不应过大，且移动平顺。

4. 起升液压缸与门架连接部位应牢靠，倾斜液压缸与门架、车架的铰接应牢靠、灵活，配合间隙不得过大。油缸应密封良好，无裂纹，工作平稳。在额定载荷下，10 min 门架自沉量不大于 20 mm，倾角不大于 0. 5°。满载时起升速度不应低于标准值的一半。

5. 护顶架、挡货架须齐全有效。